Sigrid Weppelmann

Mein Pferdeführerschein UMGANG

SCHRITT FÜR SCHRITT ZUM PARTNER PFERD

Die Freundschaft fließt aus vielen Quellen,
am reinsten aber aus dem Respekt.
Daniel Defoe

Müller Rüschlikon

Einbandgestaltung: r2 I Ravenstein, Verden
Titelfoto: Sabine Heüveldop
Bildnachweis: siehe Seite 158

ISBN 978-3-275-02163-5

Postfach 103743, 70032 Stuttgart
Ein Unternehmen der Paul Pietsch Verlage GmbH & Co. KG

1. Auflage 2020

Sie finden uns im Internet unter www.mueller-rueschlikon-verlag.de

Lektorat: Claudia König
Innengestaltung: Sabine Heüveldop, Sigrid Weppelmann
Druck und Bindung: Graspo CZ, 76302 Zlin
Printed in Czech Republic

Begegnen sich Pferde untereinander, kommen sie sich dabei näher und lassen sich neue Eindrücke durch die Nase gehen. Menschen, die ihnen auf diese Weise begegnen, sind schon mittendrin in der Kommunikation mit einem Pferd.

INHALT

EINSATZ DES LÖSUNGSBOGENS

Um das Ergebnis zu überprüfen, kann die Rückseite des Lesezeichens von der Umschlagklappe verwendet werden. Liegt die grüne Linie vom Lösungsbogen an, dann sind die richtigen Antworten als Text oder an dem Kreuz im Kreis erkennbar.

Wichtiger Hinweis:
Mehrere Antworten können richtig sein und natürlich sind auch falsche darunter!

Kontakt und Pflege

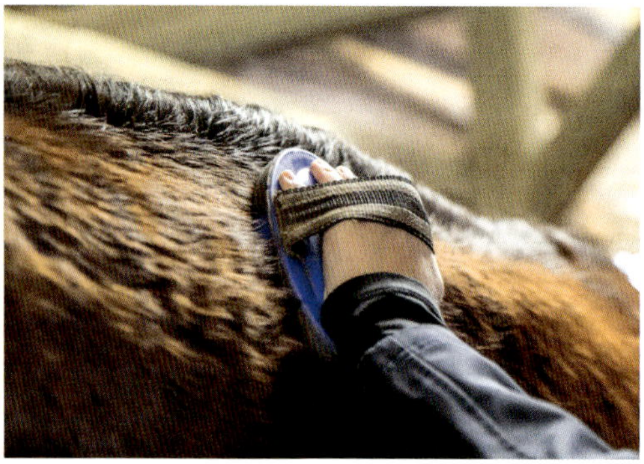

Schritt für Schritt

Stallgasse

- Annähern, ansprechen und das Halfter anlegen
- Halten an einer vorgegebenen Stelle
- Anbinden und das Pferd weichen lassen
- Anderen Pferden zum Beispiel auf der Stallgasse begegnen
- Ausrüstungsgegenstände im Pferdealltag für den Umgang und die Pflege

Verhalten und Umgang

Putzplatz und Bewegungsflächen

- Bedürfnisse und Verhalten
- Haltungsformen
- Identifizieren
- Anatomie
- Gesundheit
- Fütterung
- Sicherheit und Tierschutz
- Ethische Grundsätze
- Gesetzliche Regelungen

Bodenarbeit und Führen

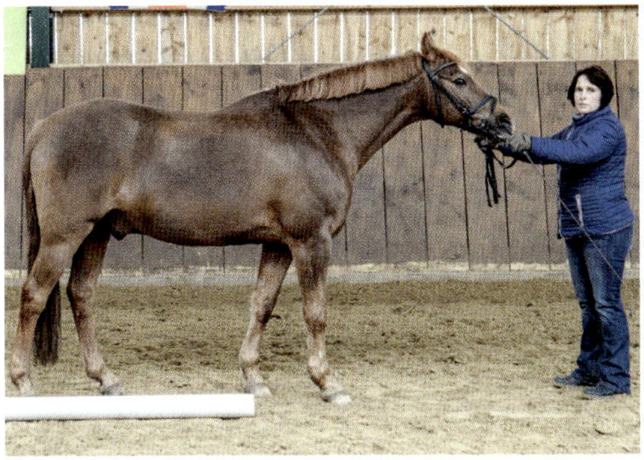

Praxis

Alltagssituationen

Schritt für Schritt

Eingezäunte Bereiche (Platz oder Reithalle)

STATION 3

- Dreiecksvorführung und entweder
- Bodenarbeitsparcours oder Vormustern/ Führen auf gerader Linie

Näheres Umfeld

STATION 4

- Bewältigen von Alltagssituation
- Verladen
- Begegnungen

Informationen

KURZ VORWEG

Uns Menschen verbindet mit Pferden eine lange gemeinsame Geschichte. Der Umgang mit ihnen gehörte noch vor einigen Jahren zum Alltag.

In früheren Zeiten wurde das Miteinander »Mensch und Pferd« von Kindesbeinen an erlernt. Heute ist das völlig anders. Das Pferd ist nicht mehr selbstverständlicher Bestandteil unserer Gesellschaft. Arbeitspferde werden nur noch selten eingesetzt, Maschinen haben ihre Aufgabe übernommen. Dennoch haben sehr viele Menschen Berührungspunkte mit diesen faszinierenden Tieren. Pferde begleiten uns im Sport und in der Freizeit. Sie sind gute Lehrer und Therapeuten und helfen uns dabei, zu entschleunigen.

Damit Menschen und Pferde harmonisch miteinander umgehen, gilt es, einige Spielregeln zu beachten. Das ist für beide Seiten wichtig. Pferde leben länger gesund und zufrieden, wenn wir ihre Bedürfnisse kennen und respektieren.

Menschen kommunizieren inzwischen auf vielen Wegen: per WhatsApp oder über Facebook, per E-Mail oder Smartphone. Dass es dabei zu Missverständnissen kommt, erlebt man jeden Tag. Es fehlt die Mimik, die Berührung, das Miteinander-Umgehen.

Mit Pferden verständigen wir uns beinahe ausschließlich ohne Worte. Sie spüren, in welcher Stimmung wir sind, und verhalten sich dementsprechend. Ihnen ist nur schwer etwas vorzumachen. Unsere Körpersprache und Stimmlage verraten uns. Die nonverbale Kommunikation mit Pferden zu erlernen ist eine der Herausforderungen, um einander zu verstehen. Ein guter Lehrer und ein erfahrenes Pferd sind die richtigen Partner.

Lesen, lernen, loslegen! Dieses Buch ist (D)ein Begleiter für Theorie und Praxis.

Zahlreiche Organisationen bieten Lehrgänge und Ausbildungsmöglichkeiten für Anfänger und Fortgeschrittene an. Die Deutsche Reiterliche Vereinigung (FN) hat speziell für die Vermittlung der Grundlagen einen Lehrgang mit dem Titel »Pferdeführerschein Umgang« seit 2020 in ihr mehrstufiges Ausbildungskonzept aufgenommen. Die bestandene Prüfung gilt als Nachweis für Fachkenntisse mit Pferden, die für die Sicherheit im Umgang und das Wohlergehen der Pferde von großer Bedeutung sind. Außerdem ist sie Voraussetzung für andere Abzeichen der FN.
Lehrgang und Prüfung sind auf jeden Fall eine gute Basis, um

- Verständnis für Pferde zu erlangen,
- Erfahrungen in der Praxis zu sammeln,
- und Vertrauen im Umgang zu gewinnen.

In diesem Buch werden theoretische und praktische Inhalte zur Vorbereitung auf die Prüfung behandelt. Darüber hinaus dient es jedem, der sich mit dem Thema Pferd beschäftigt, als Nachschlagewerk mit Anregungen, sich intensiver mit dem Thema zu befassen. In welche der zahlreichen Richtungen sich das eigene Interesse am Umgang mit Pferden letztendlich entwickelt, hängt unter anderem vom persönlichen Umfeld ab. Die ersten Schritte zum Pferd gleichen sich sehr. Wenn in diesem Buch die Rede von »Pferd« ist, dann sind Ponys und Großpferde gemeint – außer sie werden direkt angesprochen. Ebenso verhält es sich mit dem Thema »Gendern«. Beide Geschlechter dürfen sich gleichermaßen angesprochen fühlen. Frauen und Männer, Mädchen und Jungen.

BEDEUTUNG DER SYMBOLE

- Wichtig, bitte merken und lernen!
- Eine ergänzende Information
- Film zur Veranschaulichung
- Link auf eine Internetseite
- Kontakt zu einem Thema
- § Hinweis auf Gesetzestext(e)

LERNEN IN KLEINEN SCHRITTEN

Merke Dir zuerst die einfachen, dann die schweren Themen.

? einfach

? etwas schwieriger

? schwer

Und zu guter Letzt erlaube ich mir als Pferdefrau, da unter Pferdefreunden die direkte Anrede – das Du – üblich ist, den Leser auch ab und zu mit »Du« anzusprechen. Für ein harmonisches und vertrauensvolles Miteinander wünsche ich einen guten Start.

EINE GEMEINSAME GESCHICHTE

Vor vielen Millionen Jahren wurden die Vorfahren unserer heutigen Pferde in den Wäldern von Raubtieren gejagt. Das Aussehen der Pferde hat sich ebenso verändert wie ihre Lebensweise: Vom Wildpferd zum Freizeit- und Sportpartner.

Lassen Sie uns zu Beginn einen Blick auf die Entwicklungsgeschichte der Pferde werfen, deren Vorfahren ganz anders aussahen. Die Vorfahren der heutigen Pferde lebten vor ca. 60 Millionen Jahren – lange vor uns Menschen – in feuchtwarmen Urwäldern. Das Urpferd war ungefähr so groß wie ein Fuchs und lief vorne auf vier und hinten auf drei Zehen.

Damit bewegten sich die Tiere flink in tiefem Waldboden. Das Urpferd lebte im Zeitalter Eozän. Die ersten pferdeähnlichen Wesen waren – wie das heutige Pferd – Vegetarier und als **Fluchttiere** immer auf der Hut vor Raubtieren. Ihr Lebensraum veränderte sich vom Wald über die Steppe zur Graslandschaft. Die Ernährung und Verdauung passte sich den wechselnden Lebensräumen an.

Die Körpergröße der anfangs kleinen Tiere änderte sich über Millionen Jahre enorm, und nach und nach verbreiteten sie sich von Nordamerika bis nach Europa. Im Laufe ihrer Entwicklung wuchsen die Zehen zusammen. Aufgrund des härter werdenden Bodens bildeten sich allmählich die Hufe aus. Das heutige Pferd zählt zu den Einhufern und ist ein Zehenspitzengänger. Es läuft sozusagen auf dem Mittelfinger bzw. der mittleren Zehe. Auch die Farbenvielfalt, die wir heute auf den Weiden sehen, entstand erst im Laufe der Zeit.

ERDERWÄRMUNG UND KÖRPERGRÖSSE

Vor mehr als 50 Millionen Jahren wurden Urpferde, deren Überreste in Nordamerika entdeckt wurden, immer kleiner, bis sie nur noch ungefähr so groß waren, wie Hauskatzen. Das ergab eine Studie.*
Unklar ist bisher, ob die »Verkleinerung« auf die höheren Temperaturen direkt zurückgeht oder aber eine Folge veränderter Nahrungsbedingungen war. Eine mögliche Erklärung ist die Bergmannsche Regel, die vereinfacht dargestellt besagt, dass jeder Körper Wärme über die Körperoberfläche mit der Umgebung austauscht. Mit zunehmender Körpergröße vergrößert sich in kalter Umgebung auch der Wärmeverlust.

**Ross Secord (University of Nebraska, Lincoln) et al.*

NATÜRLICHE EIGENSCHAFTEN DER PFERDE

PFERDE SIND FLUCHTTIERE

- Sie sind sehr wachsam, schreckhaft und stets bereit wegzulaufen.
- Sie können im Stehen ruhen, dösen und sogar schlafen.
- Der Herdentrieb führt zur Flucht der ganzen Gruppe.

PFERDE SIND HERDENTIERE

- Nur in Gesellschaft mit Artgenossen fühlen sich Pferde wohl.
- In einer Pferdegruppe gibt es feste Regeln – eine Rangordnung.
- Pferde übernehmen wechselnde Aufgaben oder Rollen: Leitung, Mitläufer, Beschützer, Lehrer, Aufpasser und schauen sich Verhaltensweisen ab.

PFERDE SIND BEWEGUNGSTIERE

- Der gesamte Pferdekörper ist auf Bewegung ausgelegt. Bewegung ist ein sehr wichtiges Grundbedürfnis.

PFERDE SIND DAUERFRESSER

- Die Verdauung (Magen, Darm etc.) ist auf viele kleine Portionen und Rohfaser in ausreichender Menge eingerichtet.
- Ein Pferdemagen produziert ständig Säure. Kauen regt die Speichelproduktion an, und gut eingespeicheltes Futter bindet Magensäure.

Hyracotherium ((= »Schliefer)-Rüsseltier-ähnliches Tier«) und Eohippus (griech. »Pferd der Morgenröte«) sind Vertreter der Gattung Pferd.

Abbildung: Mit freundlicher Genehmigung des Florida Museums of Natural History, Danielle Byerley.

In der Steppenlandschaft, den Tundren oder Wäldern suchten die Vorfahren unserer heutigen Pferde nach Futter und waren dabei ständig in **Bewegung**. Das wiederum war gut für ihre Verdauung. Das raue und harte Futter musste intensiv gekaut werden. Die Zähne entwickelten sich hochkronig, um trotz des hohen Abriebs lange zu halten.

Unter der Führung eines Leithengstes oder einer Leitstute lebten die Pferde als **Herdentiere**, mussten sich einfügen und sich einen Rang in der Herde erarbeiten. In einem Herdenverband entstanden Gruppen, die miteinander lebten. Miteinander leben, in Gemeinschaft, erfordert Verständigung, also Kommunikation. Pferde **kommunizieren** über die **Körpersprache** und Laute.

In den Urzeiten wurden Pferde nicht nur von Raubtieren, sondern auch von Menschen gejagt. Höhlenmalereien, in denen die Frühmenschen die von ihnen gejagten Tiere abbildeten, belegen das. Vor rund 5.000 Jahren fingen die Menschen an, Pferde zu nutzen. Sie lieferten Fleisch, Leder und Milch. Damit sie gemolken werden konnten, mussten sie **gezähmt** werden. Im weiteren Verlauf der Zeit dienten sie dann als Lastentiere, Reittiere oder Wagenpferde. So konnten die Menschen mit ihnen auch große Entfernungen überwinden.

Der Mensch baute Zäune und Ställe und reduzierte nach und nach den natürlichen Lebensraum der Pferde. Er begann, sie nach seinen Vorstellungen zu **züchten**.

2,8 Millionen Pferde waren im 2. Weltkrieg im Einsatz.

Quelle: www.bundesarchiv.de

Trotz moderner Kriegsmittel waren im 2. Weltkrieg viele Pferde im Einsatz und mehr als 60 % von ihnen kehrten nicht zurück.

KRIEGSPFERDE

Die Stute Lotte wurde zweimal an der Ostfront verletzt. Im Alter von über 30 Jahren zog sie noch eine Kutsche durch Berlin.

Pferde waren lange Zeit das wichtigste **Fortbewegungsmittel**. Gespanne bestimmten das Bild auf den Wegen und Straßen. Länder wurden mit Pferden entdeckt und erschlossen. Menschen entwickelten sich durch den Einsatz von Pferden weiter. So erblühte der Handel durch den Transport von Waren mit Kutschen.

Zahlreiche **Kriege** wurden über Jahrtausende mit Pferden geführt. Armeen mit guten Reitern und guten Pferden zogen als Sieger aus den Schlachten. Für Mensch und Pferd ging es gemeinsam um das Überleben.

Das Bild in der **Land- und Forstwirtschaft** wurde lange Zeit von Pferden bei der Arbeit geprägt. Sie zogen den Pflug, brachten die Saat aus und die Ernte ein.

Im Zuge der fortschreitenden Industrialisierung haben sich die Aufgaben der Pferde weiter verändert. Mehr und mehr übernahmen nun Maschinen ihre Aufgaben, so dass Pferde heute in erster Linie **Freizeitpartner** der Menschen sind.

Das zeigt sich auch in ihrem äußeren Erscheinungsbild. Bei Reitpferden geht die Tendenz in der Zucht von kräftig zu fein. In diesem Zusammenhang spricht man von Veredelung der Rassen. Sie beeinflusst das Aussehen, das Temperament und die Eigenschaften im Hinblick auf den Umgang und die Rittigkeit. Die Vielfalt der Rassen ist heute sehr groß. Sie reicht vom kleinen Fallabella (ab 30 cm) bis zum großen Shire Horse (über 2 m).

INDIANERPFERDE

Diese Statue zeigt einen Indianer mit seinem Pferd – eine besonders enge Bindung.
Abbildung: Museum of Fine Arts, Boston.

ARBEITSPFERDE

Eine Pferdestärke (PS) = 75 kg·m/s

Kräftige Arbeitspferde, die hart auf den Feldern arbeiteten, wurden im Zuge der Industrialisierung immer mehr durch Maschinen ersetzt.

DIE ETHISCHEN GRUNDSÄTZE

Was ist eigentlich Ethik?

Der Duden beschreibt Ethik als die Gesamtheit der sittlichen und moralischen Grundsätze. Ethik ist die grenzenlose erweiterte Verantwortung gegen alles, was lebt (Albert Schweizer). Die neun Ethischen Grundsätze der FN beschreiben, welch große Verantwortung Menschen bei dem Umgang mit Pferden übernehmen.

1 Pferde brauchen Menschen

Wir Pferdefreunde tragen die Verantwortung dafür, dass es jedem einzelnen Pferd gut geht.

2 Pferde müssen richtig versorgt werden

Pferde brauchen Wasser und Futter, Licht und Luft, viel Bewegung und Kontakt zu anderen Pferden.

3 Die Gesundheit geht vor

Gesundheit und Zufriedenheit sind wichtiger als Erfolge um jeden Preis. Uns Pferdefreunden geht das Wohl jedes einzelnen Pferdes vor.

Das **Poster** »Das 1x9 der Pferdefreunde« kann bei der FN bestellt werden. Außerdem gibt es weitere interessante Broschüren rund um das Thema Pferd im FN-Shop auf **www.pferd-aktuell.de**.

4 Alle Pferde sind wertvoll

Alle Pferde verdienen Pflege und Zuneigung, egal ob jung oder alt, Weidepony oder Turnierpferd, Zuchthengst oder ausgedientes Schulpferd. Wir Pferdefreunde wissen, dass alle Pferde gleich gut behandelt werden müssen.

5 Pferde und Menschen haben eine lange gemeinsame Geschichte

Zwischen Pferden und Menschen besteht seit tausenden von Jahren eine enge Verbindung. Wir Pferdefreunde sind bereit, vom enormen Wissen früherer Zeiten und fremder Kulturen über Pferde zu lernen .

6 Pferde sind gute Lehrer

Pferde spüren Ungeduld und Unbeherrschtheit. Sie belohnen Freundlichkeit und Geduld. Wir Pferdefreunde lernen gern von unseren Pferden.

7 Pferde und Menschen müssen miteinander lernen

Pferde und Menschen brauchen für den gemeinsamen Sport eine gute Ausbildung, die nie aufhört. Das wichtigste Ziel für uns Pferdefreunde ist die harmonische Verständigung mit dem Pferd.

8 Leistungen dürfen nicht erzwungen werden

Pferde verfügen über unterschiedliches Talent und Leistungsvermögen. Wir Pferdefreunde respektieren die natürlichen Grenzen eines Pferdes und beeinflussen seine Leistungsfähigkeit nicht durch Gewalt, Zwang und Medikamente.

9 Pferde haben ein Recht auf ein würdiges Lebensende

Pferde haben ein kürzeres Leben als Menschen. Auch am Lebensende lassen wir Pferdefreunde unser Pferd nicht im Stich und ersparen ihm unnötige Angst, Schmerzen und Qualen.

Kerst

Kersts Besitzerin bekam den Tipp, sich den Friesen anzusehen, von einer Freundin. Als zweieinhalbjähriger Hengst kam er zu ihr. Ursprünglich sollte er nach Amerika verkauft werden. Doch Kerst blieb und glänzte mit seiner Reiterin bei Showauftritten. **Eine erfahrene Reiterin nimmt ein junges Pferd in die Ausbildung**, eine ideale Kombination. Pferd und Mensch sollten zueinanderpassen, dann wird daraus eine harmonische Partnerschaft.

»Kein Mensch hat mich so glücklich gemacht wie dieses Pferd.«

ZUM PFERD GEKOMMEN

Es gibt viele Möglichkeiten, an ein Pferd zu kommen. Der eine kehrt aus dem Urlaub zurück und ist vom Pferdevirus befallen. Oder es ist ein Familienmitglied, ein Freund oder eine Freundin die Ursache für den ersten Kontakt zu einem Pferd.

Pferde leben heute überwiegend in privaten Ställen, in Pferdebetrieben oder Vereinen. Viele Menschen, die sich in ihrer Freizeit mit Pferden befassen, tun das, ohne Mitglied in einem Reitverein zu sein. Sie setzen sich mit Pferden intensiv auseinander – doch anders als in einem Verein – ist nicht immer ein beratender Ausbilder in der Nähe.

Organisiert haben sich unter dem Dach der Deutschen Reiterlichen Vereinigung (FN – Fédération nationale) in Deutschland die Landesverbände, darunter die Kreisreiterverbände, Vereine und Betriebe. Neben der Förderung des Breiten- und Spitzensports ist **Bildung** ein wichtiges Thema der FN. Die FN veröffentlicht Lehrbücher und Richtlinien. Außerdem ist sie der FEI (Fédération Equestre Internationale) untergeordnet. Sie begleitet auch die Ausbildung der Richter und Prüfer, die die Wertnoten auf ihren Turnieren vergeben und Prüfungen abnehmen. Ein Ziel der FN ist eine fundierte **Ausbildung** von Reitern und Pferdeinteressierten im Umgang mit Pferden. Im Jahr 2020 hat die FN den »Pferdeführerschein Umgang« ins Leben gerufen. Er richtet sich an alle, die mit Pferden sicher, artgerecht und harmonisch umgehen möchten. Die bestandene Prüfung bescheinigt Grundkenntnisse im Umgang mit Pferden in Theorie und Praxis.

Russian Flamenco XX

Auf der Suche nach einem Pferd für ihre Freundin kam diese Reiterin mit einem neuen Ross für sich selbst in den Stall zurück. Gesundheitliche Probleme beendeten seine Karriere als vielversprechendes Rennpferd. **In den richtigen Händen** meistert er heute die kleinen Hürden auf dem Weg zum tollen Reitpferd.

»Traumpferde kann man nicht kaufen, die macht man sich.«

Aufbau und Organisation der Deutschen Reiterlichen Vereinigung

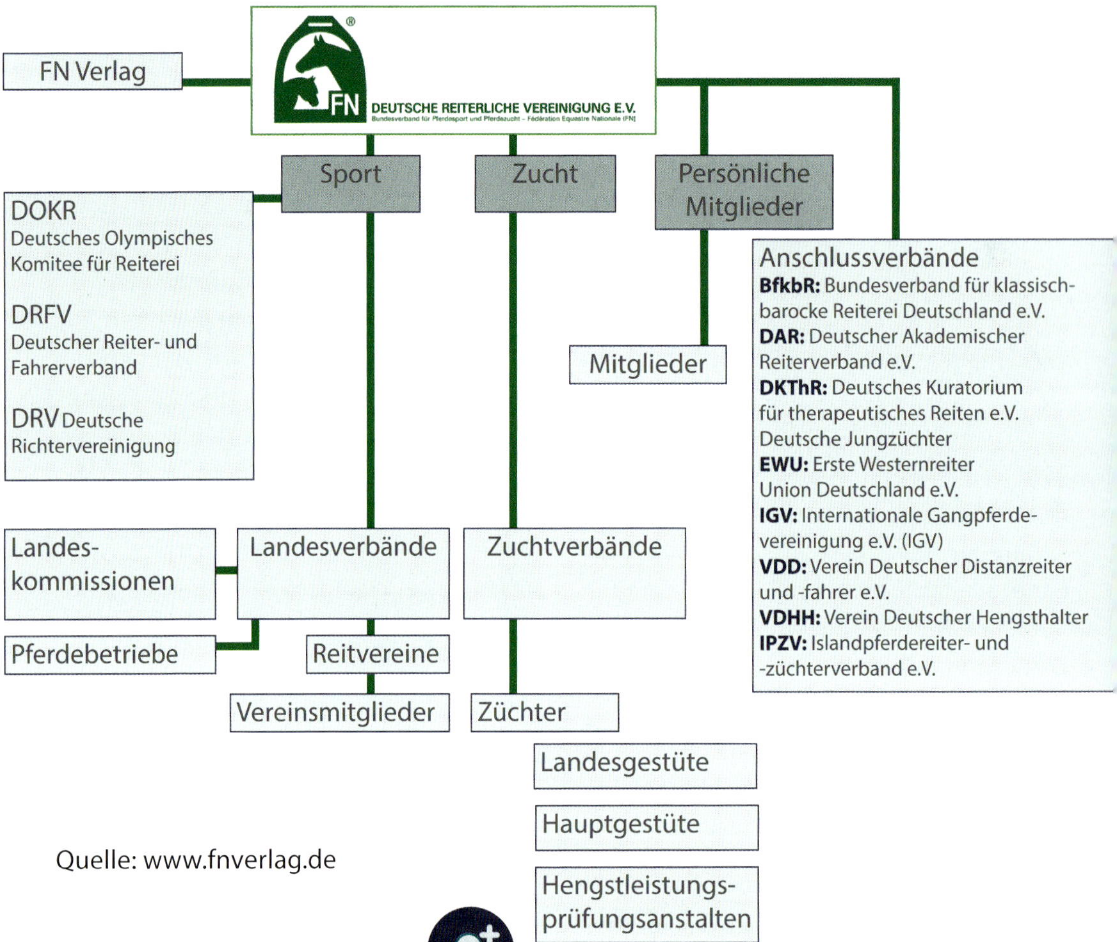

Quelle: www.fnverlag.de

DEUTSCHE REITERLICHE VEREINIGUNG (FN)

Freiherr-von-Langen-Straße 13
48231 Warendorf
Telefon: 02581/6362-0
www.pferd-aktuell.de

ZUSATZINFOS IM INTERNET

www.fnverlag.de
Organisation der Deutschen Reiterlichen Vereinigung e.V. (FN)

MENSCHEN & PFERDE

WIE SIE SICH FANDEN, WAS SIE VERBINDET

Magic

Freunde brachten Magic und seine neue Besitzerin zusammen. Er ist ein Araloosa (3/4 Vollblutaraber, 1/4 Appaloosa).
Der Hengst wurde in ganz Europa auf Veranstaltungen »geshowt«.
Das »Showgeschäft« hat Magic aber nicht mehr ausgehalten. Er fing an, Menschen anzugreifen und ließ keinen mehr an sich ran.
In seiner neuen Besitzerin fand Magic einen pferdeerfahrenen Menschen. Er hatte Glück. Obwohl die Besitzerin sagt, dass sie noch einen langen – auch anstrengenden – Weg vor sich haben, hat sie die notwendige **Geduld und Erfahrung,** um einem (durch falschen Umgang) gestörten Pferd wieder Vertrauen zum Menschen zu geben. **Der Umgang formt das Pferd** in eine positive oder in eine negative Richtung.

»Ich schätze an ihm, dass, obwohl Menschen sein Vertrauen missbrauchten, er mir immer noch die Chance gibt, ihm zu helfen.«

»Mich beeindruckt, wie so ein kräftiges, großes Tier auf mich eingeht.«

Hella

Eigentlich wollte er nur seine Freundin zum Stall begleiten. Dann fing er an, sich mit der Kaltblutstute Hella zu befassen. Zuerst putzte er Hella, dann kam das Führen hinzu und dann stieg er in den Sattel. Er zählt mittlerweile zu den aktiven Reitern und genießt die gemeinsame Zeit bei Ausritten. Mit **Bodenarbeit** verfeinern sie ihre Kommunikation.
Hella ist eine Kaltblutstute, die genau weiß, was sie will – und was nicht.
Als **Lehrpferd** hat sie die notwendige Gelassenheit. Da gilt die Devise: Ein erfahrenes Pferd passt gut zu einem eher unerfahrenen Reiter. Ein **Anfänger** im Umgang mit Pferden kann von solch einem Pferd sehr viel lernen. Die **Ruhe und Sicherheit**, die **ein Lehrpferd** ausstrahlt, ist eine gute Basis, um **Vertrauen** aufzubauen.

Pferdeführerschein Umgang

Der **praktische Umgang mit Pferden** in alltäglichen Situationen steht im Vordergrund des vorbereitenden Lehrgangs und der Prüfung. Es geht im Wesentlichen darum, die natürlichen Verhaltensweisen und Bedürfnisse von Pferden kennenzulernen, um im Umgang mit ihnen entsprechend handeln und reagieren zu können. Das Wohl der Tiere und die Sicherheit für Mensch und Tier werden behandelt. Letztendlich lassen sich so auch Unfälle vermeiden.

Den Pferdeführerschein Umgang kann jeder erwerben – so steht es in einem Merkblatt der FN geschrieben – der die **körperliche und geistige Mindestreife** hat.

Wer sich für die Teilnahme an einem Lehrgang entscheidet, sollte in der Lage sein, ein Pferd zu führen.

Das **Ausbildungssystem der FN** ist ein Stufenplan. Es umfasst neben dem Pferdeführerschein Umgang 10 Abzeichenprüfungen, die aufeinander aufbauen und alternative Ausrichtungen berücksichtigen. Beginnend mit dem Abzeichen Nr. 10 kann man seine Ausbildung bis zum Abzeichen Nr. 1 mit dem höchsten Schwierigkeitsgrad fortsetzen.

Der Pferdeführerschein Umgang verschafft einen Überblick und ist ein guter Anfang. Wie beim Autoführerschein bringen Praxis und Übung die notwendige Sicherheit, Routine und Erfahrung.

MENSCHEN & PFERDE

WIE SIE SICH FANDEN, WAS SIE VERBINDET

Henry

*»Henry ist Toms Freund. Als **Therapiepferd** hatte er wechselnde Reiter. Heute ist er zufriedener, denn ihm genügt ein Mensch.«*

Merlin

*»Merlin wurde kein langes Leben prophezeit. Er litt an chronischem Husten. Heute lebt er im **Offenstall** und läuft vor der Kutsche.«*

Pferde können aufgrund ihrer Kraft und Größe einschüchternd wirken, gerade bei Personen, die noch keinen Bezug zu ihnen hatten. Deshalb ist es wichtig, in **Theorie und Praxis** viel über sie zu lernen, um Vertrauen zu gewinnen.

Der bestandene Führerschein bestätigt einem selbst und Außenstehenden, dass man sich intensiv mit dem Thema auseinandergesetzt hat. Erworbene Kenntnisse und Fähigkeiten werden nachgewiesen.

Die Prüfungsvorbereitung

Vorbereitungslehrgänge bieten **Reitvereine und Pferdebetriebe** an. Gefordert werden **30 Lerneinheiten** (eine LE entspricht 45 Minuten), wobei die Lehrgangsdauer entsprechend dem Ausbildungsstand der Gruppe angepasst wird. Das ist für Veranstalter interessant, die einen Kurs planen und weniger Zeit dafür einkalkulieren möchten.

Ein Verein oder FN-Pferdebetrieb beantragt zunächst bei seinem zuständigen Landesverband bzw. der Landeskommission die Genehmigung zur Durchführung. Wer wissen möchte, wo im näheren Umfeld Kurse stattfinden, kann sich bei seinem **Landespferdesportverband** informieren (Seite 158).

Ein Lehrgangsleiter muss mindestens ausgebildeter Trainer C mit einer gültigen DOSB-Lizenz sein. Durch eine gültige Lizenz des DOSB (Deutscher Olympischer Sportbund) weist ein Trainer nach, dass er durch regelmäßige Fortbildungen aktuelle Informationen und Impulse an die Schüler weitergeben kann.

AUSRÜSTUNG FÜR LEHRGANG UND PRÜFUNG

MENSCH

- Festes Schuhwerk
- Handschuhe
- Reitkappe (freiwillig)
- Gerte (erlaubt)

Die Teilnehmer müssen über die körperliche und geistige Mindestreife verfügen.

PFERD

- Stallhalfter
- Anbindestrick/-kette
- Führstrick/Bodenarbeitsseil
- Zaumzeug mit Mundstück und Zügeln
- Knotenhalfter oder Führhalfter mit Leitseil
- Ausrüstungsgegenstände für den täglichen Umgang

Pferde, die bei dem Lehrgang und der Prüfung zum Einsatz kommen, müssen dafür geeignet und mindestens vier Jahre alt sein.

ZUSATZINFOS IM INTERNET

www.pferd-aktuell.de
Abzeichen im Pferdesport

DIE 4 STATIONEN DER PRÜFUNG

Die Prüfungsstationen 1 und 2 befinden sich auf der Stallgasse und am Putzplatz. Hier beantworten die Teilnehmer die zum Thema passenden Fragen.

STATION 1

Erster Kontakt und Pferdepflege

- Ansprechen des Pferdes und Annähern an das Pferd
- Aufhalftern und Aus-der-Box-Holen
- Halten an einer vorgegebenen Stelle
- Das Pferd anbinden und es weichen lassen
- Begegnung mit anderen Pferden
- Pferdepflege, Ausrüsten des Pferdes, einschließlich Anlegen von Beinschutz, Aufzäumen; Erläuterung der Ausrüstungsgegenstände

STATION 2

Pferdeverhalten und Umgang mit dem Pferd

Bei der Befragung geht es um Grundwissen und Verständnis für das Thema.

- Bedürfnisse und Verhalten (Herden-, Flucht- und Steppentier) Haltungsformen und -anforderungen
- Auslauf auf der Weide
- Möglichkeiten der freien Bewegung
- Pferde unterscheiden: Rassen, Farben, die Geschlechter und Abzeichen, Brandzeichen kennen und die Chiperkennung erklären
- Equidenpass (Sinn und Inhalt)
- Grundlagen der Anatomie
- Grundlagen der Pferdegesundheit
- Kenntnisse über Gesundheitsvorsorge
- Grundlagen der Pferdefütterung
- Sicherheitsaspekte und Unfallverhütung im täglichen Umgang
- Einschlägige Bestimmungen des Tierschutzgesetzes
- Die Ethischen Grundsätze des Pferdefreundes kennen und verstehen
- Führen im Straßenverkehr (gesetzliche Regelungen und Sicherheitshinweise)

Praktischer Umgang, Bodenarbeit, Führen im eingezäunten Bereich

Die Stationen 3 und 4 finden praktisch in geeigneter Umgebung statt.

Pflicht

- **Dreiecksvorführung**

Wahlmöglichkeit

- **Bodenarbeitsparcours** mit Führen geradeaus, von beiden Seiten, von Punkt zu Punkt, Gangmaßwechsel im Schritt, Slalom, Traben auf gerader Linie, rückwärts treten lassen oder vormustern.

- **Vormustern/Führen auf gerader Linie** Dabei sind Sicherheitsaspekte und die Unfallverhütung zu beachten. Eventuell findet in diesem Zusammenhang ein Prüfungsgespräch statt.

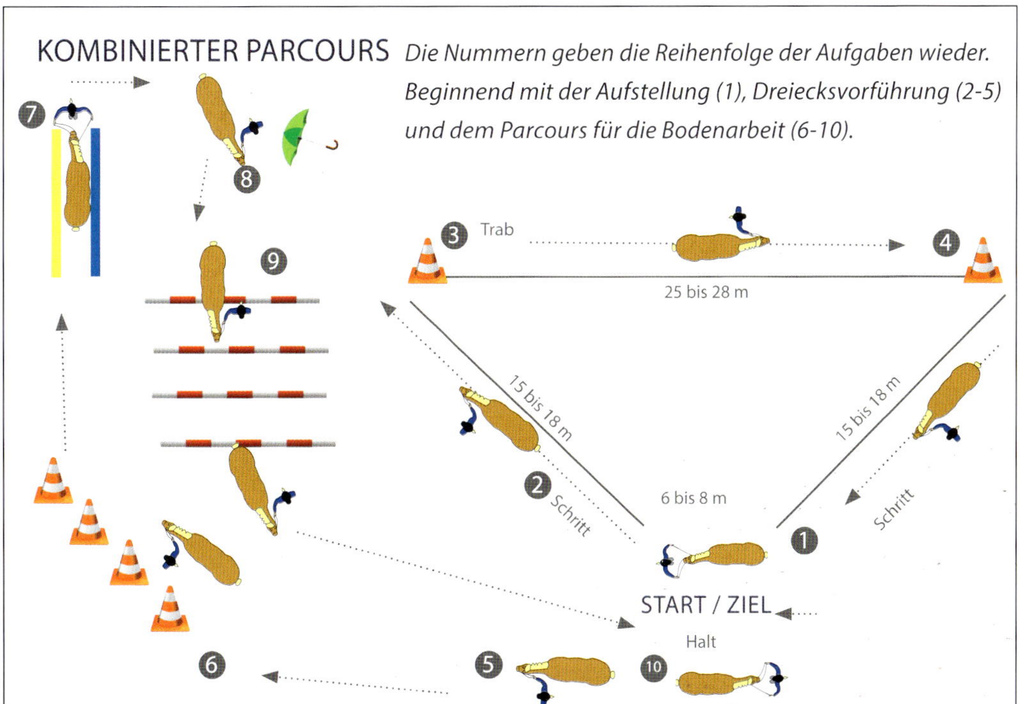

Beispiel: *Kombinierter Parcours für die Dreiecksvorführung mit anschließender Bodenarbeit. Dreiecksvorführung in Anlehnung an das Merkblatt der FN: Vormustern/Führen eines Pferdes an der Hand.*

Praktischer Umgang in Alltagssituationen aus dem öffentlichen Raum

Teilnehmer – vorrangig Kinder – können begleitet werden. Sie müssen wissen, worauf bei der Aufgabe zu achten ist.

- Führen eines erfahrenen Pferdes zur Weide
- Entlassen des Pferdes auf die Weide oder den Paddock
- Von der Weide oder vom Paddock holen (dieses kann aus Sicherheitsgründen nachgestellt werden, z.B. bei einem Tor bzw. ohne Freilassen des Pferdes)
- Mithilfe/Grundsätze/Sicherheit beim Verladen von erfahrenen Pferden
- Sicherheitshinweise zum Transportieren von Pferden

Eine Aufgabe im praktischen Teil ist das Verladen eines Pferdes. Auch hier ist die Aufgabe der Prüfer festzustellen, ob klar ist, worauf dabei zu achten ist. Einzelschritte können nachgestellt werden oder Teilnehmer dürfen nur unterstützen.

Sicherheitsaspekte und Unfallverhütung

- Vorausschauendes Handeln
- Einschätzen des Pferdeverhaltens

Führen im öffentlichen Raum

In diesem Teil der Prüfung werden mindestens drei Alltagssituationen nachgestellt.

- Begegnung mit z.B. Radfahrer, Fußgängergruppe, Fußgänger mit Hund oder Kinderwagen.
- Passieren von landwirtschaftlichen Fahrzeugen, Baumaschinen, Autos, Motorrädern oder Mofas.
- Vorbeiführen an anderen Pferden auf der Weide oder in der Führmaschine.
- Heranführen an einen unbekannten Gegenstand (Mülltonne, Regenschirm, Plane o.ä.).
- In eine unbekannte Umgebung führen (Bereich, in den die Pferde in der Regel nicht geführt werden).

Dank außergewöhnlich guter Führung wurde aus diesem Polizeipferd ein Olympiapferd.

Foto: Julia Kathmann

Goldstern

Im Alter von vier Jahren – nach seiner Remonte-Ausbildung bei der Polizeireiterstaffel – kam Goldstern zu Klaus Balkenhol. Wer die Stärken und Schwächen eines Pferdes erkennt und damit umzugehen weiß, holt das Beste aus ihm heraus.
Mit viel **Geduld** gab Klaus Balkenhol seinem Goldstern die Zeit, die er brauchte. Gemeinsam gewannen sie Titel wie: Weltmeister, Europameister und mit der Mannschaft die Goldmedaille bei den Olympischen Spielen. 1999 ging Goldstern mit 18 Jahren in den Ruhestand.
Als **behutsam aufgebautes Sportpferd** konnte er seinen Lebensabend noch einige Jahre genießen. Er starb 2003.

FRH Butts Abraxxas

Im Jahr 2005 kam »Braxxi« in den Stall von Ingrid Klimke. Auf den schwierigsten Geländestrecken der Welt war er immer »schnell wie ein Hase« (Zitat Chris Bartle) und kämpferisch wie ein Löwe. Nach seiner erfolgreichen Karriere als Vielseitigkeitspferd (u.a. Mannschaftsgold Olympische Spiele, Weltreiterspiele, Europameisterschaft) ist sein Rentneralltag mit Ausritten und als Lehrer für die Kinder nicht langweilig. Wenn seine Pflegerin Carmen Thiemann ihn heute ohne Sattel und nur mit Halsring reitet, ist das Lebensfreude pur und der lebendige Beweis einer tiefen Freundschaft. Von »Braxxi« lernte Ingrid Klimke, dass man manche Tatsachen akzeptieren muss und dann besser damit leben kann. »Das **Wesen des Pferdes** wollen wir erfassen, seine **Persönlichkeit achten** und bei der Ausbildung **nicht unterdrücken**!« (Dr. Reiner Klimke)

»Braxxi hat mir sein grenzenloses Vertrauen geschenkt und besonders im Gelände immer auf mich aufgepasst«, sagt Ingrid Klimke über ihn.

Foto: Streitferdt/KOSMOS

KAPITEL
PFERDE VERSTEHEN UND ERKENNEN

DAS NATÜRLICHE VERHALTEN

DIE WAHRNEHMUNG

DAS EXTERIEUR

DER PFERDEKÖRPER

DAS SKELETT

LERNEN UND LEHREN

DIE VERDAUUNG

EINTEILUNG VON PFERDEN

ROBUSTPFERDE UND PONYS

EINDEUTIGE ERKENNUNGSMERKMALE

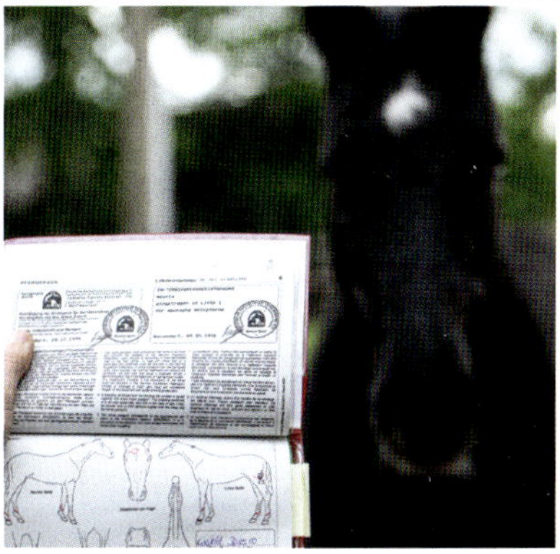

Das natürliche Verhalten

Auch in der heutigen Zeit verhalten sich Pferde so, wie es ihrem Ursprung entspricht. Beobachten wir sie geduldig in ihrer natürlichen Umgebung innerhalb einer Gruppe, um daraus etwas für den gemeinsamen Umgang zu erlernen.

Pferde sind **Herdentiere**. Das bedeutet, sie sind nicht gerne alleine und müssen Kontakt zu Artgenossen haben. Wenn sie sich sehen, hören, riechen und miteinander in Gemeinschaft Zeit verbringen, fühlen sie sich wohl. In Gesellschaft bewegen sich Pferde gerne und sind beschäftigt. Große Pferdeherden gibt es heute kaum noch. Viel häufiger sieht man überschaubare **Gruppen**. Jedes Pferd reagiert anders auf das Leben in einer Gruppe. Manche Pferde sind durch ihre **Aufzucht** daran gewöhnt, andere sind gestresst. Pferde lernen voneinander und schauen sich Verhaltensweisen ab. Das berücksichtigen wir im täglichen Umgang. Zum Beispiel, wenn ein Pferd lernt, verladen zu werden. Das kann leichter gelingen, wenn ein erfahrenes Lehrpferd vorangeht. Macht ein Pferd keine schlechten Erfahrungen, gewöhnt es sich daran. Denn Pferde sind **Gewohnheitstiere** und mögen Routine. Regelmäßig wiederkehrende Abläufe beispielsweise bei

der Fütterung, während der Arbeit und im Umgang vermitteln ihnen Sicherheit.
Ungewohnte Situationen betrachten sie mehr oder weniger skeptisch. Ein Pferd braucht seine Zeit, um neue Eindrücke zu verarbeiten. Damit das Leben in der Gruppe funktioniert, verständigen sich Pferde über ihre **Körpersprache**, die **Mimik** und **Lautäußerungen**. Wenn wir diese Art der Kommunikation verstehen, erleichtert das den täglichen Umgang. Es ist beinahe so, als würden wir eine neue Sprache erlernen.

Das soziale Verhalten

Das Leben in einer Gruppe setzt voraus, dass es gewisse »Spielregeln« gibt. Beim Zusammenleben der Pferde zeigt sich das an ihrer **Rangordnung**. Ein Rang in der Gruppe ist wie ein Job, der sich entwickelt und verändert. Jungpferde erlernen dieses Verhalten spielerisch. Deshalb sind Gruppen mit verschieden alten Pferden wie ein Kindergarten oder eine Schule für die Heranwachsenden.
Ein anderes typisches Pferdeverhalten ist der **Herdentrieb**. Schaut ein Pferd aufmerksam in eine Richtung, werden die anderen oft angesteckt und ebenfalls neugierig. Ergreift eines die Flucht, folgen die anderen. Denn als ehemalige Beutetiere geht ihnen die eigene Sicherheit vor.
Innerhalb einer Gruppe übernehmen einzelne Pferde bestimmte Aufgaben. Zum Beispiel, auf die anderen aufzupassen. Denn als **Fluchttiere** müssen sie immer bereit sein, schnell davonzulaufen. Deshalb legen Pferde sich auch nur dann hin, wenn sie sich sicher fühlen. Auf der Seite, flach liegend, genießen sie dann den Tiefschlaf. Als Aufpasser solch einer schlafenden Gruppe bleibt häufig ein Pferd stehen, um die Gegend zu beobachten. Manche Pferde fühlen sich so sehr mit ihren Artgenossen verbunden, dass sie kaum zu trennen sind. Dieses Verhalten nennt man **Kleben**. Wenn sich ein Pferd hingegen auch in Gesellschaft eines Menschen sicher und geborgen fühlt, dann gelingt nach und nach die Trennung von seiner Pferdegruppe immer besser und länger. Distanztiere wie das Pferd haben einen bestimmten Abstand zu Individuen der gleichen Art, der ohne Ausweich- und Angriffsreaktion geduldet wird. Die Verhaltensbiologie bezeichnet dies als **Individualdistanz**. Wer diese Distanz nicht einhält, stellt sich vielleicht in

LAUTÄUSSERUNGEN

Laut	Situation/Bedeutung
Grummeln	Vorfreude (z.B. auf Futter, Arbeit) Aufmerksamkeit erwecken (Hengste bei Stuten), sich binden (Stuten mit Fohlen).
Wiehern	Ein anderes Pferd suchen oder eines begrüßen. Wiehern ähnelt Rufen.
Quietschen	Erregung (Stute zum Hengst) oder bei der Begegnung mit einem anderen Pferd.
Stöhnen	Beim Dösen o. bei Schmerzen.
Schnarchen	Manchmal im Tiefschlaf.
Schnaufen	Aufregung
(Ab-) Schnauben	Entspannung, Losgelassenheit

den Vordergrund und behauptet seinen Rang. Pferde lernen sich untereinander oft erst aus der Distanz kennen. Sie strecken den Hals vor und beschnuppern sich. Diese Art des Kennenlernens können wir Menschen übernehmen. Geben wir einem Pferd die Zeit, uns über die Nüstern wahrzunehmen und sich unseren Geruch vielleicht einzuprägen. Das machen wir, indem wir ihm zur Begrüßung die Hand vor die Nüstern halten.

Pferde empfinden Zuneigung oder Abneigung füreinander. Dementsprechend reagieren sie. Mögen Pferde sich nicht, dann gehen sie sich aus dem Weg. Haben zwei sich gefunden, dann wirkt das auf uns wie **Freundschaft**. Zum Beispiel, wenn Pferde dicht beieinander stehen und sich gegenseitig die Fliegen verjagen (Kopf-an-Schweif) oder nebeneinander grasen (Kopf-an-Kopf), verstehen sie sich gut.

Pferde betreiben soziale Fellpflege. Am Widerrist, an der Kruppe oder am Kopf kraulen sie sich gegenseitig.

Die soziale Fellpflege

Das gegenseitige Kraulen gehört zu den Ritualen unter Pferden, die sich respektieren. Sie fühlen sich wohl dabei und betreiben untereinander **Fellpflege**. Ein Mensch, der mit einem Pferd umgeht, kann dieses Verhalten für sich einsetzen, um sich bei ihm beliebt zu machen. Ist die richtige Kraulstelle gefunden, sieht man einem Pferd das Wohlbehagen an.

Es gibt Pferde, die versuchen, das gute Gefühl zu erwidern und den Menschen auf ihre Art zu kraulen. Dieses Verhalten ist keine Widersetzlichkeit und sollte nicht bestraft werden. Im Gegenteil – dies ist eine Ehre. Wir kommen dem Pferd etwas näher. Es vertraut uns und wir begegnen ihm als **Partner**.

Anders verhält es sich, wenn das Pferd seinen Kopf an uns »schubbeln« möchte. Das passiert häufig nach getaner Arbeit: Dann will sich das Pferd kratzen und den Menschen als Kratzpfahl nutzen. So ähnlich, wie sich in einer Pferdegruppe oft das ranghöhere Tier an dem rangniedrigeren kratzt bzw. schubbelt. Um also jeglicher Rangelei zwischen Mensch und Pferd von vornherein aus dem Wege zu gehen, empfiehlt es sich, das Pferd am Kopf zu bürsten, um ihm den Juckreiz zu nehmen.

Das eigene Wohlergehen

Natürlich sorgen Pferde immer wieder für ihr eigenes **Wohlbefinden**. So liegen sie in der fliegenfreien Zeit gerne in der Sonne und verschaffen sich damit **Ruhepausen**. Pferde haben andere Schlafgewohnheiten als Menschen. Sie schlafen weniger und können sogar im Stehen schlafen. Ihr Körper ist

so konstruiert, dass im Stand keine Muskelanspannung notwendig ist. So ist auch zu erklären, dass manche Pferde wenig liegen. Für Ruhepausen sucht ein Pferd gerne (s)einen Lieblingsplatz auf.
Wenn genügend Fläche vorhanden ist, teilen Pferde sich ihren Lebensraum in verschiedene Bereiche ein. Es gibt Liegeflächen, Bewegungsflächen (Wege) und Bereiche, in denen sie abäppeln oder pinkeln. Auf der Weide fressen Pferde ungern oder gar nicht an Stellen, wo bereits Pferdeäppel liegen. So gesehen sind Pferde sehr **saubere Tiere** – auch wenn sie nach einem wohltuenden Schlammbad nicht danach aussehen. Ihr Umfeld halten sie, wenn es ihnen möglich ist, sauber. In der Nähe ihres Fressplatzes koten sie meistens nur dann, wenn es nicht zu umgehen ist.

Pferde schlafen, wenn sie sich sicher fühlen. Im Tiefschlaf liegen sie flach auf der Seite. Ein Pferd steht oft als Aufpasser da, während die Gruppe schläft.

Dieses Verhalten geht heutzutage allerdings teilweise verloren, da entweder zu wenig Platz vorhanden ist oder es nicht mehr notwendig ist, weil die Bewegungsflächen meistens sauber gehalten werden.

Die Rangordnung

Rangordnung bedeutet zum Beispiel: »Der Klügere gibt nach« oder »in der Ruhe liegt die Kraft«. Diese Sprüche beschreiben sehr gut, worauf es für ein Pferd ankommt, um seinen Rang in einer Pferdegruppe zu klären. So kann auch ein kleines Pony den größeren in seiner Gruppe zeigen, wo es langgeht – wenn es ausreichend selbstbewusst und vertrauenserweckend auftritt.
Ein im Rang höher stehendes Pferd bringt ein rangniedrigeres Tier ohne großen Aufwand dazu, ihm aus dem Weg zu gehen. Man nennt das **Weichen**. Weichen bedeutet Ausweichen. Oft weicht das rangniedrigere Pferd aus. Respekt verschaffen Pferde sich mit **Drohgebärden**, wenn sie es für notwendig halten. Pferde, die ständig drohen und dabei für Unruhe in der Gruppe sorgen, sind unsicher und nicht ranghoch! Sie stehen unter Stress und sind der Situation nicht gewachsen.
So lässt sich auch manche Charaktereigenschaft eines Pferdes an seinem Verhalten in der Gruppe erkennen und für den Umgang nutzen. Oft ist ein kluges Pferd bereit, Streit aus dem Wege zu gehen. Einem anderen Pferd auszuweichen, ist nicht immer ein Zeichen von Feigheit, sondern kann Respekt bedeuten. Ein neugieriges Pferd, das gleichzeitig mutig ist, geht voran, wenn es etwas Neues zu entdecken gibt.

MIMIK UND GESTIK DES PFERDES

Dösend

Die Augen sind geschlossen, die Ohren pendeln und die Unterlippe hängt entspannt.

Panisch

Das Auge weit geöffnet, etwas weiß schimmernd, hoch angehobener Kopf, bereit zur Flucht.

Aufmerksam

Mit wachem Blick und gespitzten Ohren – Hals und Kopf dabei angehoben – wird etwas betrachtet.

Drohend oder verjagend

Mit flach angelegten Ohren, nach vorne gestrecktem Hals und offenem Maul geht es zum Angriff über.

Zurückhaltend – skeptisch

Falten über den Augen, ein spitzes Maul und die Ohren sind zurückgestellt.

Flehmend

Flehmen wird durch Geruch oder Schmerzen ausgelöst.

Ein Mensch als Leitfigur

Wenn es gelingt, eine gute **Führungsrolle** gegenüber dem Pferd einzunehmen, dann erleichtert das den Umgang. Der Mensch muss vom Pferd als **Leitfigur** akzeptiert werden, dann fühlt es sich in seiner Gesellschaft sicher. Es folgt ihm in schwierigen Situationen, und Aufgaben werden gemeinsam gemeistert. Pferde beschäftigen sich gerne mit ihrer Umwelt und lernen beständig. Sie bewältigen Aufgaben, die sie einmal verstanden haben, problemlos.

Auch Menschen gegenüber sind sie von Natur aus neugierig und positiv eingestellt. Wenn ein Pferd sich auffällig im Umgang verhält, dann muss die **Ursache** für dieses Verhalten gesucht werden. Entweder ist das Pferd krank, hat Schmerzen oder es wurde falsch behandelt. Verliert ein Pferd das Vertrauen, reagiert es verunsichert, ablehnend, verweigert die Mitarbeit oder wird sogar aggressiv.

Ein schöner Vertrauensbeweis: Das junge Pferd akzeptiert die Nähe und Berührung des Kindes.

UMGANG MIT DEM NATÜRLICHEN VERHALTEN

- Jeder hat seinen Bereich, sei im Handeln **konsequent**. Wenn es notwendig ist, fordere das Pferd auf, zu **weichen**.
- Sei **konzentriert** und **aufmerksam**, dabei freundlich, aber bestimmt. Dann kann ein Pferd den Menschen als **Führungspersönlichkeit** wahrnehmen. Eine entspannte, klare Führung führt zu einem Gefühl der Sicherheit und damit zu Vertrauen.
- Pferde handeln **instinktiv**. Sie berechnen nicht, was sie tun. Unterstelle ihnen **keine böse Absichten**.
- Beende jede Begegnung positiv. Um einem Ziel näherzukommen, kann es hilfreich sein, den **Schwierigkeitsgrad** zu **verringern**.

Wenn das natürliche Verhalten eines Pferdes im Umgang berücksichtigt wird, können **Missverständnisse** vermieden werden. Oft reagieren Menschen unangemessen, weil die Botschaft eines Pferdes nicht ankommt.

Unfälle können in der Regel vermieden werden, wenn **vorausschauend** gehandelt wird. Der Mensch sollte eine Führungsrolle einnehmen und sich der Verantwortung bewusst sein. Um das zu erlernen, beobachten wir Pferde in ihrer natürlichen Umgebung. Verbringen wir Zeit mit ihnen ohne Anspruch, lernen wir sie kennen und werden ein Teil ihres Lebens.

Die Wahrnehmung

In Anlehnung an das Kapitel Wahrnehmung aus: Pferd und Mensch von Dr. Ursula Pollmann.

Wenn wir glauben, Pferde nehmen die Umwelt genauso wahr wie wir, dann ist das ein Irrtum, der zu Missverständissen führen kann.

Das Gehör und der **Geruchssinn** sind bei Pferden viel besser ausgebildet als bei uns Menschen. Sie nehmen nicht nur kleinste Veränderungen in ihrer vertrauten, näheren Umgebung wahr. Auch in der Ferne registrieren sie Bewegungen und für sie ungewöhnliche Erscheinungen. Wenn wir versuchen, die Umwelt aus der Sicht eines Pferdes zu erfassen und vorausschauend zu handeln, können wir kritische Situationen oft vermeiden. Wir haben zumindest eine Chance, uns auf sie einzustellen.

Pferde haben ein enormes **Erinnerungsvermögen**. Alles, was sie in ihrem Umfeld sehen und riechen, prägen sie sich sehr gut ein. Sie sind in der Lage, sich **Bilder** und **Duftmarken** als Wegmarken zu merken, wenn sie unterwegs sind. An diesen Wegmarken kann ein Pferd sich im Gelände orientieren und manch eines findet so auch den Weg zurück nach Hause in seinen Stall.

EIN FILM IM INTERNET

Die Sinne des Pferdes.
Uelzener Versicherung,
Nicole Künzel

Die Augen

Ein Pferd beobachtet seine Umwelt sehr genau. Die Augen befinden sich seitlich am Kopf, wodurch beinahe eine Rundumsicht möglich ist. Mit diesem **Sichtfeld** erfasst ein Pferd einen Radius von ca. **350°** um sich herum. Dabei ist zu beachten, dass die seitlich nach links bzw. rechts schauenden Augen die Umwelt eindimensional erfassen. Dreidimensional – also **räumlich** – sieht ein Pferd nur im vorderen Sichtfeld mit beiden Augen. Das ist der Grund, weshalb ein Pferd sich in eine Blickrichtung wendet, um ein genaueres Bild davon zu erlangen. Das Gesehene wird vom rechten Auge an die linke Sehrinde des Gehirns übermittelt, das linke Auge sendet seine Eindrücke an die rechte Gehirnhälfte. Die rechte Gehirnhälfte ist meistens für die emotionale Verarbeitung (Gefühl) und die linke für die rationale Verarbeitung (Verstand) zuständig. Das bedeutet, das Gesehene kann **mit jedem Auge unterschiedlich** wahrgenommen werden. So ist zu erklären, warum es im Alltag vorkommt, dass ein Pferd auf dem Hinweg entspannt an einem Gegenstand vorbeiläuft und auf dem Rückweg vor demselben Gegenstand scheut.

Ein Pferd sieht anders als ein Mensch. Unter anderem unterscheiden sich Farbensehen, Sehschärfe und Sichtfeld.

SICHTFELD EINES PFERDES

Der Bereich direkt vor dem Pferd: Mit beiden Augen sieht es (binokular) ***räumlich*** *und klar.*

Beinahe Rundumsicht: In diesem Bereich sieht ein Pferd ***unscharf****. Entweder mit dem rechten oder linken Auge (monokular) wird das gesehene Bild übertragen.*

Genau hinter sich und vor der Stirn ergeben sich ***tote Winkel****. Bereiche, in denen ein Pferd nichts sieht.*

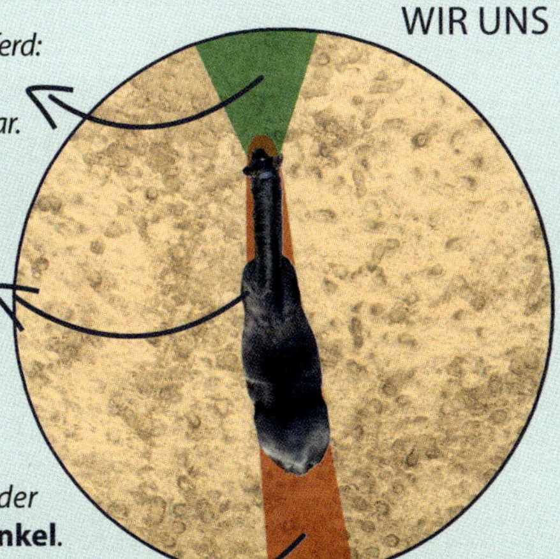

WORAUF WIR ACHTEN, WENN WIR UNS PFERDEN NÄHERN

- Wir sprechen das Pferd an und beobachten seine Reaktion.
- Wir betreten das Sichtfeld so, dass das Pferd uns gut sehen kann (schräg von vorne).
- Unsere Bewegungen sind ruhig und gelassen.
- Im Nahbereich berühren wir das Pferd zusätzlich.

Untersuchungen an Pferden lassen vermuten, dass sie Dinge **in Bodennähe genauer sehen** als wenn sie ihren Kopf höher tragen. Begründen lässt sich dies damit, dass sowohl das (zu prüfende) Futter als auch der mögliche »natürliche Feind« vorwiegend am Boden zu finden ist bzw. war, und die Augen sich dafür gut entwickelten. Weil Pferde außerdem **Kontraste** gut erkennen, sehen sie in der Dämmerung hervorragend. Bei Farben und Details geht man davon aus, dass sie weniger erkennen als wir Menschen. Diese Eigenschaft muss im Umgang und beim Training berücksichtigt werden.

Die Ohren

Pferde können ihre Ohren wie Antennen in alle Richtungen drehen und unabhängig voneinander bewegen. Ihr Gehör ist so fein, dass sie sogar **Ultraschallgeräusche** wahrnehmen. Ihr gutes Gehör ermöglicht ihnen zu erfassen, wenn Menschen in normaler oder auch mit gedämpfter Stimme sprechen. Pferde nehmen aber nicht nur Stimmen und Geräusche wahr, sondern auch Stimmungen wie Freude oder Angst. Mit bestimmten Geräuschen verbinden Pferde konkrete Situationen. Das machen wir uns im Umgang zunutze. So ist die Stimme des Menschen ein sehr gutes Hilfsmittel.

Das Fell und die Haut

Das größte Sinnesorgan ist die Haut, sie ist überzogen mit dem Fell.

Empfindungen über die Haut sind:

- Wärme und Kälte (Temperatur)
- Schmerzen
- Berührung, Druck, Vibration

Pferde **spüren feinste Berührungen** wie das Kribbeln einer Fliege auf ihrem Körper. Diese Sensibilität kommt uns im Umgang zugute, denn wir trainieren Pferde dahingehend, dass sie auf leichten Druck in bestimmter Art und Weise reagieren. Die Haut eines Pferdes ist also sehr berührungsempfindlich.

Die Haare in den Ohren schützen das Innere des Ohres und dämmen Geräusche.

Die Haut und das Fell sind die natürliche Klimaanlage für ein Pferd. Sie regulieren Hitze und Kälte.

In Untersuchungen fand man heraus, dass ein Pferd in dem Bereich, in dem ein Mensch es mit dem Schenkel beim Reiten berührt, sehr feinfühlig ist. Im Vergleich dazu ist der Mensch an seiner Wade und sogar an den Fingerspitzen viel weniger sensibel.

Das Fell, das zweimal jährlich wechselt, dient in Kombination mit der Haut zum **Schutz vor Kälte und Hitze**. Das Pferd reguliert seine Körpertemperatur über die Haut und verbraucht in diesem Zusammenhang Energie. Ein Großteil dieser über das Futter aufgenommenen Energie wird zur **Wärmeregulierung** benötigt und nur ein geringer Teil wird über die Muskulatur in Bewegung umgesetzt.

Um sich **aufzuwärmen**, verbraucht ein Pferd im Winter bei extremer Kälte einen Teil seiner Fettreserven. Im Extremfall zittern Pferde sich bei Kälte warm. Wenn ein Pferd stark friert, dann stellt es erkennbar sein Fell auf und verändert damit die nach außen isolierend wirkende Schicht.

Die Haut und die Haare eines Pferdes sind mit einer Talgschicht überzogen, die unter anderem wasserabweisend wirkt. Das ist ein wichtiger Aspekt, der bei der Fellpflege beachtet werden sollte. Intensives und häufiges Putzen, der Einsatz von Shampoo für das Fell oder das Scheren eines Pferdes verändern die **natürliche Schutzschicht**. Je nach Haltungsform und Einsatz eines Pferdes sollte das berücksichtigt werden.

Durch Schwitzen reguliert das Pferd bei Wärme seine Körpertemperatur. Wenn Schweiß auf der Haut verdunstet, entsteht sogenannte **Verdunstungskälte**, die den Körper abkühlt. Pferde schwitzen bei Anstrengung, bei hohen Außentemperaturen oder bei Aufregung und Schmerzen. Die ausreichende Versorgung mit Wasser ist immer wichtig. Das **Wasser** sollte normal temperiert sein. Um zu verhindern, dass ein Pferd zu hastig aus einem Eimer trinkt, kann etwas Heu auf die Wasseroberfläche gelegt werden.

Einen Hinweis darauf, ob der **Flüssigkeitshaushalt** eines Pferdes in Ordnung ist, gibt ein Hautfaltentest. Dazu wird im Bereich der Schulter kurz eine Hautfalte mit zwei Fingern hochgezogen. Die Hautfalte sollte sich nach dem Loslassen sofort wieder glätten. Bleibt die Falte stehen, so ist das ein Alarmzeichen: Das Pferd muss dringend Wasser trinken.

!

TIPPS FÜR DEN UMGANG

- Um etwas **deutlich zu erkennen**, wendet ein Pferd seinen Kopf und Hals in die entsprechende Richtung. Diesen **Freiraum** berücksichtigen wir bei Aufgaben und unbekannten Situationen.
- Je nachdem, mit welchem Auge ein Pferd etwas betrachtet, kann es **unterschiedlich reagieren**. Damit muss man im Umgang rechnen.
- In der **Dämmerung** sieht ein Pferd sehr gut und reagiert auf Dinge, die **wir nicht wahrnehmen**.
- Pferde haben ein **sehr gutes Gehör**. **Lärm** kann für sie **unangenehm** sein.
- Haut und Fell haben eine natürliche **Schutzfunktion**, die sich durch Putzen, Scheren oder Eindecken **verändert**.

Die Nüstern

Der Geruchssinn gilt als der wichtigste Sinn eines Pferdes, denn mit seiner Hilfe kann ein Pferd Futter suchen und es beurteilen. Gut riechende Kräuter und schimmeliges Futter werden über die Aufnahme des Geruches voneinander unterschieden und aussortiert. Wie fein ein Pferd Futter sortieren kann, stellt man fest, wenn Medikamente über das Futter verabreicht werden. Manche Pferde sortieren sogar Pulver aus. Das gelingt gut mit den feinen **Tasthaaren** (Vibrissen) an den Nüstern und am Maul, mit denen sie fein fühlen. Auch an den Augen haben Tasthaare eine Funktion. Sie schützen den Kopf in der Dunkelheit und helfen dem Pferd dabei, sich zu orientieren.

Über den feinen **Geruchssinn** werden Feinde (Raubtiere) ebenso wie Artgenossen und Menschen erkannt. Pferde beschnuppern sich, um sich kennen zu lernen. Entweder sie können sich – im wahrsten Sinne des Wortes – gut riechen (verstehen sich gut) oder nicht (und gehen sich aus dem Weg).

Auch bei Begegnungen mit Menschen ist der Geruchssinn eines Pferdes von Bedeutung. Ein Pferd kann förmlich riechen, wenn ein Mensch Angst hat. Genau genommen riecht es Adrenalin, ein Hormon, das Menschen bei Angst ausschütten.

In Kombination mit den **Geschmacksnerven** auf der Zunge bildet der Geruchssinn zugleich ein **Frühwarnsystem** der Natur, mit dem Pferde vor der Aufnahme von Giftpflanzen geschützt werden. Dafür hat ein Pferd deutlich mehr Geschmacksnerven auf der Zunge als ein Mensch. Diese Nerven unterscheiden die verschiedenen Grassorten im Geschmack und können so dafür sorgen, dass die Bitterstoffe, die häufig in den Giftpflanzen enthalten sind, wahrgenommen werden.

Das heißt aber nicht, dass wir uns generell auf dieses natürliche **Frühwarnsystem** verlassen können. Deshalb gehören giftige Pflanzen auf keinen Fall in die Reichweite von Pferden. Und es gibt sehr viele Pflanzen, die für Pferde giftig sind.

Die Tasthaare am Maul, an den Nüstern und an den Augen sind für die Wahrnehmung der Pferde von großer Bedeutung.

Pferde haben ein sehr bewegliches Maul, mit dem sie ihr Futter aussortieren. Sie können geschickt Türen oder einen Knoten damit öffnen.

Das Zusammenspiel der Sinne

Für die Bewegung, die Balance und die Orientierung im Raum ist auch bei Pferden der **Gleichgewichtssinn** verantwortlich. Er setzt sich aus mehreren Wahrnehmungen zusammen. So liefern das Gleichgewichtsorgan im Ohr, der Tastsinn und die Augen ein Gefühl für das körperliche Gleichgewicht.

Interessant sind in diesem Zusammenhang Ergebnisse aus Untersuchungen zur Wahrnehmung über eine bevorzugte Körperseite (sensorische Lateralität): Je nachdem, ob Tiere eine sensorische Links- oder Rechtslateralität zeigen – d.h. sie benutzen bevorzugt Auge, Ohr, Nüster der linken oder rechten Körperseite – kann man erkennen, ob sie eher emotional (gefühlsbetont) oder rational (vom Verstand geleitet) reagieren. Sinneseindrücke haben einen **emotionalen Informationsgehalt**, wenn sie vermehrt mit den linksseitigen Sinnesorganen aufgenommen und in der rechten, reaktiven Gehirnhälfte verarbeitet werden. Werden Sinneseindrücke dagegen vermehrt mit den rechtsseitigen Sinnesorganen aufgenommen und in der linken Gehirnhälfte verarbeitet, werden sie eher rational umgesetzt.

Pferde erkennen uns Menschen am **Erscheinungsbild**, an der Stimme und wahrscheinlich auch am **Geruch**. Sie haben Erwartungen an das Verhalten der ihnen bekannten Person. Jede Abweichung wird registriert und kann zu Verwirrung führen. Aus diesem Grunde macht es Sinn, sich mit der Wahrnehmungsfähigkeit des Pferdes zu beschäftigen. So kann man das Verhalten eher einschätzen und sich auf die Reaktionen vorbereiten.

§ 6 TSchG ABSCHNEIDEN (CLIPPEN) VERBOTEN!

Laut Tierschutzgesetz ist es verboten, Pferden die Tasthaare (Vibrissen) an Augen, Nüstern und Maul zu entfernen. Da diese zum Tastorgan der Pferde gehören, ist das Clippen nach deutschem Tierschutzrecht verboten.

Pferde sind sensibel und reagieren auf Anspannung in ihrem Umfeld. Das erleben wir immer wieder, wenn wir uns mit ihnen befassen. Der Mensch kann einem Pferd nur schwer etwas vortäuschen. Die innere Einstellung eines Menschen kann sich auf das Verhalten des Pferdes auswirken. Zweifelt der Mensch am Gelingen einer Aktion, kann das zum Scheitern führen. Das kennt fast jeder, der schon einmal ein Pferd für den Transport verladen hat und dabei ängstlich war. Wer sein Pferd hingegen zielstrebig und beherzt führt, dem folgt es eher vertrauensvoll.

ZUSATZINFOS IM INTERNET

www.agdaily.com
Computersimulation, Nachahmung, mögliche Sicht eines Pferdes.

DAS EXTERIEUR

?

1 Genick
2 Mähnenkamm und Mähne
3 Widerrist
4 Rücken
5 Lende
6 Hüfthöcker
7 Kruppe
8 Schweifansatz
9 Schweifrübe
10 Schweif
11 Sitzbeinhöcker
12 Oberschenkel
13 Unterschenkel
14 Fersenhöcker
15 Sprunggelenk
16 Hintermittelfuß
(hinteres Röhrbein)
17 Kastanie
18 Knie
19 Schlauch
20 Flanke
21 Bauch
22 Ellenbogenhöcker
23 Köte evtl. mit Behang
24 Sporn
25 Fessel mit Fesselbeuge
26 Ballen
27 Huf (Trachtenwand)
28 Huf (Seitenwand)
29 Huf (Zehenwand)

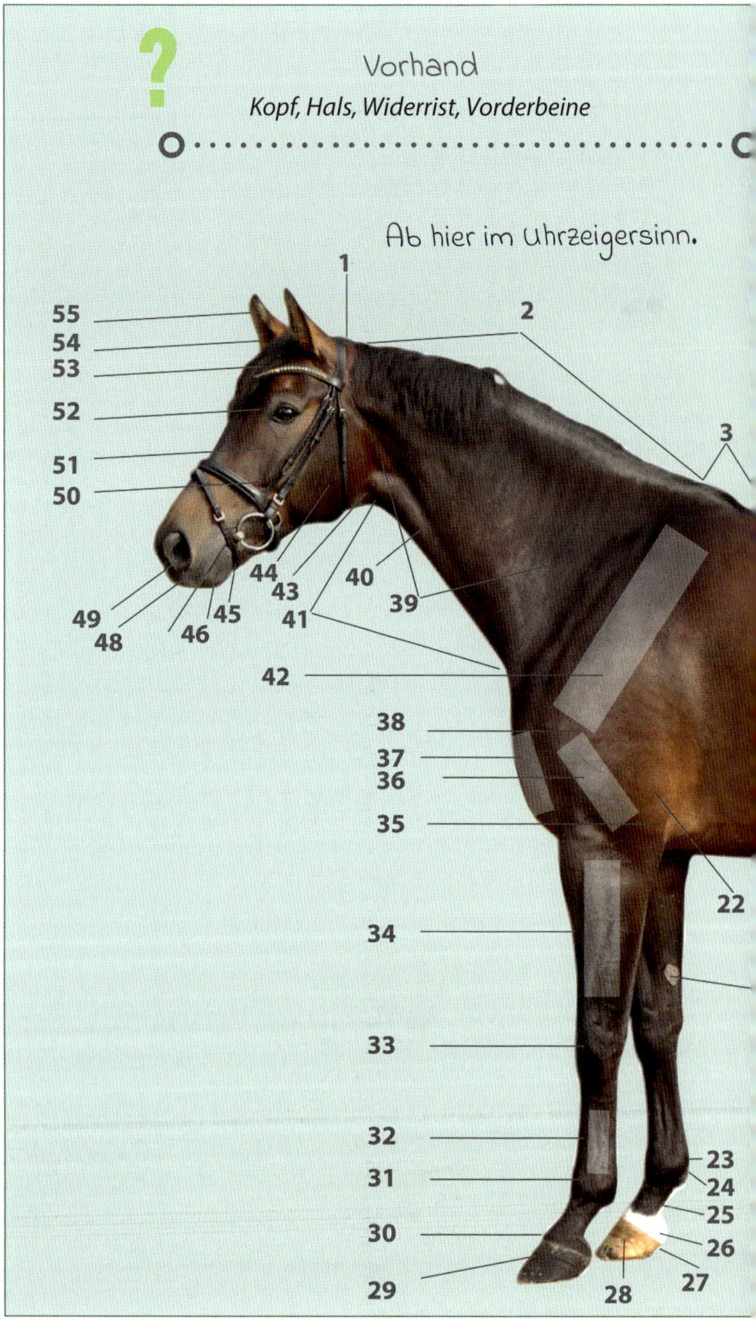

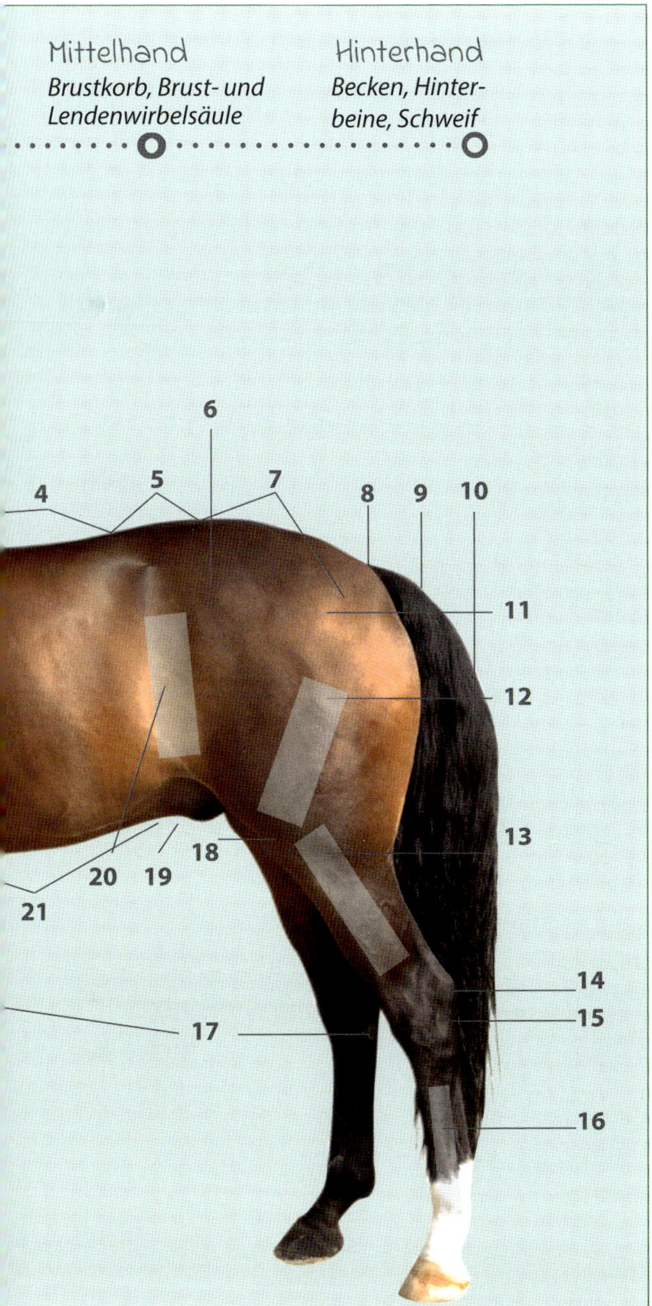

30 Kronenrand
31 Fesselkopf
32 Vordermittelfuß (vorderes Röhrbein)
33 Vorderfußwurzel (-gelenk)
34 Unterarm
35 Ellenbogengelenk
36 Oberarm
37 Brust
38 Buggelenk mit Bugspitze
39 Unterhals
40 Drosselrinne
41 Kehlrand des Halses
42 Schulter
43 Kehle
44 Ganasche
45 Kinn mit Kinngrube
46 Unterlippe
47 Maul mit Maulspalte
48 Oberlippe
49 Nüster
50 Jochbeinleiste
51 Nasenrücken
52 Auge
53 Stirn
54 Schopf
55 Ohren

Der Pferdekörper

Eigenschaften eines Pferdes werden in der Zucht mit dem Exterieur (Erscheinungsbild) und dem Interieur (Charakter) beschrieben.

Das Exterieur – der Körperbau

Der Körperbau hat Einfluss darauf, wie gut ein Pferd sich für bestimmte Aufgaben eignet oder nicht. Viele Aufgaben, die an ein Pferd gestellt werden, fallen ihm leichter, wenn der Körper dafür vorteilhaft gebaut ist. Der Körperbau kann die Umsetzung erleichtern, erschweren oder unmöglich machen. Ein Pferd, bei dem körperliche Defizite nicht erkannt oder im Training nicht berücksichtigt werden, kann überfordert werden und erkranken.

Wir trainieren mit Pferden, um sie körperlich gesund zu erhalten und für ihre Aufgaben optimal aufzubauen. Ein Teil der Arbeit zielt darauf ab, die Lastenverteilung zu verbessern. Von Natur aus trägt ein Pferd den Großteil der Last auf seiner **Vorhand**. Da das auf Dauer eine zu starke Belastung ist, wird ein Pferd durch gezieltes Training in die Lage versetzt, mehr Last mit der **Hinterhand** zu tragen.

Dies ist ein Beispiel für den Zusammenhang zwischen **Körperbau und Funktion**. Einem eher quadratisch wirkenden Pferd (im Hinblick auf seine Proportionen) kann es anatomisch leichter fallen, Last mit der Hinterhand aufzunehmen. Man spricht in dem Zusammenhang von dem **Format eines Pferdes**. Es wird mit dem Verhältnis von Rumpflänge (vom Bug zum Sitzbeinhöcker) zu Widerristhöhe beschrieben. Je nachdem, wie das Verhältnis ausfällt, spricht man von einem **Rechteck- oder Quadratpferd**.

In der Pferdezucht werden Zuchtziele für unterschiedliche Rassen definiert. Im Folgetext sind einige Merkmale beschrieben, die als gute körperliche Voraussetzung für den Einsatz als

> **!**
>
> ### QUADRATISCH IST PRAKTISCH
>
> Ein Quadratpferd wirkt kompakter. Dies ist ein Isländer, der aufgrund seiner Gangart Tölt ohnehin einem Reiter hohen Sitzkomfort bietet. Ein Quadratpferd soll bequemer zu sitzen sein und einfacher Last mit der Hinterhand aufnehmen können als ein Rechteckpferd.
>
> 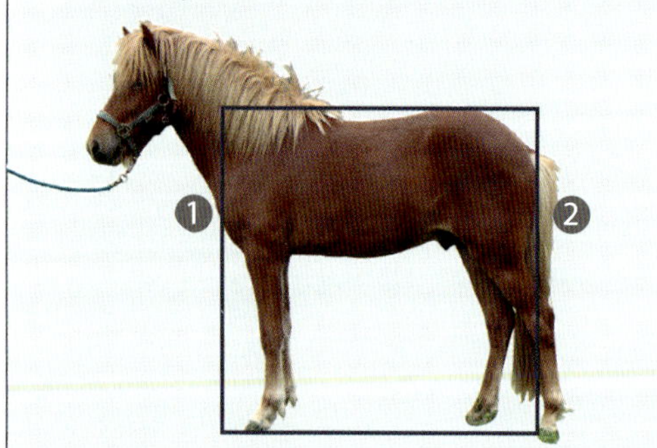
>
>
> *Eine gedachte Linie vom Bug (1) zum Sitzbeinhöcker (2) im Verhältnis zur Widerristhöhe ergibt ein* ***Quadrat****.*

Freizeit- oder Sportpartner gelten. Könnte man sein Idealpferd malen, würden sie als Pluspunkte eingezeichnet.

Der Kopf soll gut zum restlichen Körper passen, also nicht zu groß und nicht zu klein sein. Wenn eine Hand zwischen der Ganasche (s. Seite 41) und dem Halsansatz Platz findet, dann ist die Ganaschenfreiheit gut. Das wiederum ist eine gute Voraussetzung dafür, dass der Kopf zur Seite und nach oben und unten beweglich ist. Für das Pferd ist es leicht, ihn abzuwinkeln und damit den Hals herunterzunehmen. Das wiederum bedeutet Entspannung für ein Pferd.

Der Hals – der für ein Pferd eine große Bedeutung für sein Gleichgewicht hat und wie ein Barometer etwas über seine Stimmung verrät – sollte gut angesetzt (aus der Schulter, s. Seite 41, Nr. 42) sein. Denn ist er das nicht, kann es dem Pferd schwerfallen, mit gesenktem Kopf und Hals zu gehen. Zum Beispiel kann ein dickes Muskelpaket im unteren Bereich des Halses (man spricht von einem **Unterhals)** es dem Pferd beinahe unmöglich machen, seinen Hals zu senken. **Die Schulter** wünschen wir uns lang und schräg (nicht steiler als 45°). Eine breite und tiefe Brust bietet für die Lunge und das Herz viel Platz.

Der **Widerrist** (s. Seite 40, Nr. 3) soll lang und gut ausgeprägt sein, mit einem fließenden Übergang zum Hals. Der Übergang vom Rücken zur **Nierenpartie** soll ebenfalls fließend, also ohne sichtbare Kanten sein.

Die **Kruppe** (s. Seite 40, Nr. 7) ist im Idealfall lang und abgerundet und die **Beine sind klar**, also ohne Schwellungen, Narben oder Überbeine. Am besten stehen die Beine von vorne betrachtet parallel zueinander. Andere **Stellungen** belasten die Gelenke (z.B. x-beinig, kuhhessig, fassbeinig sind Fehlstellungen). Der Unterarm (s. Seite 41, Nr. 34) sollte idealerweise länger sein, als die Vorderröhre (s. Seite 41, Nr. 32). Gleiches gilt für das Verhältnis des Unterschenkels (s. Seite 40, Nr. 13) zur Hinterröhre (s. Seite 40, Nr. 16). Das **Auge** der Pferde wünscht man sich groß und klar.

Die inneren Werte – das Interieur

Bei der Zucht von Pferden wird versucht, nicht nur auf äußere Werte zu achten, sondern auch auf die inneren. **Leistungsbereitschaft, Mut, Kampfgeist und Aufmerksamkeit** sind Eigenschaften eines Pferdes, die in erfahrenen Händen förderlich sind. Faulheit, Angst und Triebigkeit sind Eigenschaften, mit denen man umgehen können muss. Wenn wir uns mit Pferden beschäftigen, suchen wir immer nach Ursachen für ihr Verhalten. Ist es der Charakter, also etwas, womit wir uns vielleicht abfinden müssen, oder hat sich das Pferd im Umgang mit Menschen so entwickelt, wie es sich verhält?

Es gibt Pferde, die Mut und Leistungsbereitschaft von sich aus mitbringen und sich daher für manche Aufgaben besonders gut eignen. Es gibt auch Pferde, die jeden Tag **über sich hinauswachsen** und sich positv entwickeln, wenn sie entsprechend gefördert werden. Ein Pferd, das faul oder ängstlich ist und bei dem der Eindruck entsteht, dass es stets getrieben werden muss, wurde vielleicht durch **falschen Umgang** so. Wenn wir das erkennen, haben wir eine Chance, etwas zu ändern. Dabei hilft ein guter Ausbilder oder ein erfahrener Pferdekenner, der die **Stärken** des Pferdes erkennt und fördert.

Lernen und Lehren

Zu den Eigenschaften eines Pferdes zählen Intelligenz, Auffassungsvermögen und Begabung. In diesem Zusammenhang sind im Anschluss verschiedene Wege aufgezeigt, wie Pferde lernen.

Bei der Arbeit vom Boden wirkt der Mensch ein über:

- Körpersprache
- Stimme
- Hilfsmittel
  z.B. Gerte/Stick, Druck der Hände direkt, Druck indirekt über die Ausrüstung

Damit ein Pferd unsere Signale wahrnehmen kann, muss es **aufmerksam**, **lernbereit** und **lernfähig** sein. Pferde unterscheiden sich in der Art und Weise, wie sie am besten lernen. Grundsätzlich muss es sich für sie **lohnen**. Es lohnt sich, wenn entweder eine Belohnung spürbar oder Unbehagen vermieden wird. Die Lerneinheit, in der eine Aufgabe zufrieden beendet wird, bleibt dem Pferd **in guter Erinnerung**, und Lernen soll Spaß machen.

Sowohl eine **positive** als auch eine **negative Erfahrung** kann zu einem Ergebnis führen. Wenn wir Berührungsdruck ausüben, soll ein Pferd je nach Situation dem Druck weichen. Wir berühren es leicht, es weicht dem Druck, und wir beenden sofort die Einwirkung. Druck empfindet ein Pferd als unangenehm (negativ), wenn es weicht wird es angenehmer, denn der Druck hört auf. Dieses Vorgehen erfordert, dass bei der Arbeit sehr aufmerksam auf jede Reaktion des Pferdes geachtet wird. Wir üben mit einem Pferd in der dafür **vorgesehenen sicheren Umgebung**. Dort erlernte Abläufe können wiederum nützlich und hilfreich für den Umgang sein.

Nehmen wir zum Beispiel an, ein Pferd nimmt den Kopf beim Aufhalftern hoch. Damit es

Ein Etappenziel ist erreicht: Das Pferd hat gelernt, ruhig zu stehen. Es wird mit der Stimme und einer sanften Berührung gelobt.

den Kopf herunternimmt, üben wir in einer Trainingseinheit nur das Absenken des Kopfes auf leichten Druck mit der Hand auf das Genick. Gelingt die **Übung**, wird sie mit dem Auflegen des Halfters **in Verbindung gebracht**.

Pferde lernen aus den Folgen ihres Verhaltens. Durch eine **positive oder negative Verstärkung** lernt ein Pferd, wann es aus der Sicht des Menschen richtig reagiert hat. Eine Belohnung ist eine positive Verstärkung, und wenn ausgeübter Druck mit der Hand verringert wird, beendet das eine negative Verstärkung.

Eine Belohnung

Belohnungslernen kann durch die **Stimme, Futter** oder **Berührung** angeregt werden. Die kleinste Belohnung ist, die **Übung zu beenden** und etwas zu tun, was das Pferd mag. Zum Beispiel entspannt eine **Weile gemeinsam genießen,** im Galopp ins Gelände – spürbar etwas Gutes für beide tun.

Die Wirkung einer Belohnung verpufft, wenn sie zu häufig erfolgt oder zu gering ausfällt. Unkorrektes Verhalten eines Pferdes sollte durch **konsequentes Handeln** abgestellt werden. Pferde versuchen zum Beispiel die Aufmerksamkeit auf sich zu lenken, in dem sie mit den Hufen scharren.

Ein Stück Apfel, eine Möhre oder Leckerlis werden als Belohnung auf der flachen Hand dem Pferd vorgehalten, denn es sieht die Finger nicht.

Wird ein Pferd in der Situation gestreichelt oder mit der Stimme beruhigt, dann hat es sein Ziel erreicht. Der bessere Weg in diesem Fall wäre, das Verhalten zu **ignorieren** oder **eine Anweisung zu erteilen**, was es stattdessen tun soll. In diesem Fall würde die Anweisung »Steh« oder ein Lob, wenn es ruhig steht, zum Ziel führen.

Belohnung kann **ergänzt und verstärkt werden**. Klickertraining ist zum Beispiel eine Lernmethode, die bei unterschiedlichen Tierarten angewendet wird. Dabei wird das Pferd daran gewöhnt, dass ein »Klicker-Geräusch« gleichzeitig mit einer Futtergabe ertönt. Hat ein Pferd einmal verstanden, dass der Klick im weiteren Verlauf bedeutet, etwas richtig gemacht zu haben, sind Pferde oft sehr motiviert, Neues zu erlernen.

Eine Bestrafung

Eine **Bestrafung** mit einem Gertenschlag, oder Knuffer mit dem Ellbogen ist nicht immer verständlich. Dem Pferd wird vermittelt, was es nicht tun soll, weniger, was es tun soll. Korrekt eingesetzt, kann Strafen aber wirkungsvoll sein. Eine Bestrafung muss möglichst direkt **in dem Moment** des Fehlverhaltens erfolgen. Bestrafung im Nachhinein macht keinen Sinn. Auch Bestrafung muss richtig dosiert erfolgen – also **angemessen** sein.

Strafe ist im Hinblick auf das Erlernen neuer Aufgaben **nicht geeignet**. Wichtig ist zu erkennen, ob ein Pferd nicht versteht, worum es geht oder ob es beispielsweise nur unaufmerksam ist.

DIE VERDAUUNG

Wer die Verdauung eines Pferdes versteht, weiß, warum Pferde nicht erbrechen können oder warum Heu eines der wichtigsten Futtermittel ist.

Verfolgen wir den Weg, den zum Beispiel ein Apfel bei seiner Verdauung nimmt. Einen großen Apfel beißt das Pferd zuerst mit den **Schneidezähnen** in kleine Stücke. Im hinteren Teil des Pferdemaules wird er von den **Backenzähnen** zermahlen. Beim Kauen bildet sich **Speichel**, **und ein Futterbrei** entsteht. Die Speichelproduktion wird bei Pferden mechanisch ausgelöst – das ist bei Menschen anders. Uns läuft schon beim Anblick von Leckereien das Wasser (der Speichel) im Mund zusammen.

Mit den Schneidezähnen wird ein Apfel zerkleinert und mit den Backenzähnen im Maul zermahlen.

Der Futterbrei wird heruntergeschluckt und gelangt durch die Speiseröhre (den Schlund) in den Magen. Der **Magen** des Pferdes ist im Verhältnis zum Körper relativ klein. Er kann maximal 12 bis 14 Liter aufnehmen. Eine zu große Menge an Futter, die mit einer Mahlzeit aufgenommen wird, kann dazu führen, dass der Magen überladen wird. Denn ein **Schließmuskel** am Mageneingang verhindert, dass ein Pferd aufstoßen oder erbrechen kann. Der Futterbrei verbleibt für ca. ein bis zwei Stunden zur Vorverdauung im **Magen**. Deshalb brauchen Pferde während der Fütterung Ruhe und sollten **mindestens eine Stunde** danach nicht arbeiten. So geht der **vorverdaute Speisebrei** weiter durch die nächsten Abschnitte des Dünndarms, wo die verwertbaren Nährstoffe in den Blutkreislauf aufgenommen werden. Der **Dünndarm** wird in Zwölffingerdarm, Leerdarm und Hüftdarm unterteilt. Die Endverdauung beginnt im Leerdarm.

Im **Dickdarm** verursachen Mikroorganismen die weitere Zersetzung des Futters. Dieser besteht aus Blinddarm, Grimmdarm und Mastdarm. In diesem Bereich verbleibt der Nahrungsbrei längere Zeit (24 Stunden und länger). Für eine gute Darmflora (Gesamtheit der Mikroorganismen) ist Rohfaser (Bestandteil von Heu) von großer Bedeutung. Ihre

Zersetzung schafft optimale Verdauungsbedingungen.
Bei Pferden sollten **Fresspausen nicht länger als 4 Stunden** andauern. Damit werden **konstante Verdauungsverhältnisse** gesichert, denn Änderungen des Darmmilieus führen zu Stress. Im Zuge der Verdauung wird im Darm den Futterresten auch Wasser entzogen. Über den Mastdarm werden die nicht verwertbaren Reste schließlich vom Pferd als Kotballen ausgeschieden.

WAS BEACHTEN WIR BEI DER FÜTTERUNG?

- Heu, das **vor dem Krippenfutter** verfüttert wird, sorgt für gute Verdauungsbedingungen.
- Die Verdauung von **Rohfaser** findet überwiegend im **Dickdarm** statt und führt zu einer guten Darmflora.
- Ein Pferd sollte regelmäßig über den Tag verteilt **Rohfaser fressen** können.
- Die Verdauung der **Nährstoffe** im Kraftfutter findet überwiegend **im Magen** bei der Vorverdauung statt.

STATIONEN DER VERDAUUNG

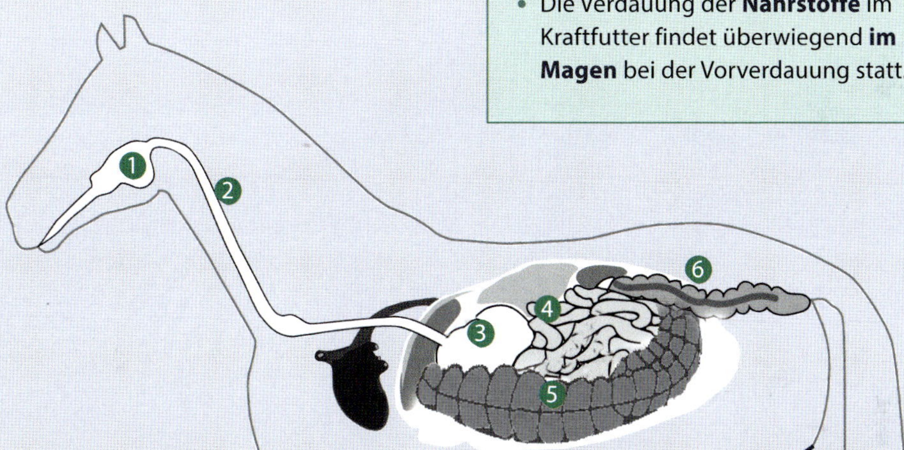

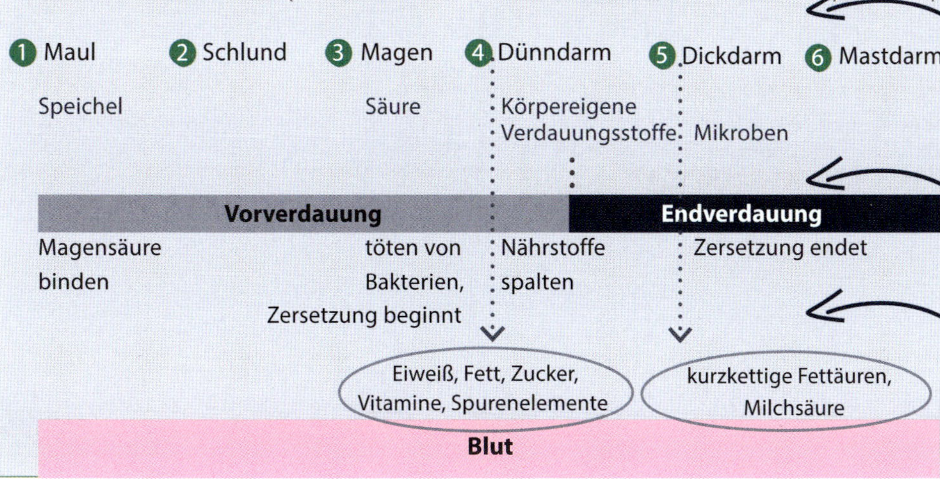

DAS SKELETT

Das Pferd steht auf seinen vier Beinen und wird von seinem Skelett, den Knochen, getragen. Ein Pferd hat ca. 250 Knochen, der Mensch ca. 300. Wie die wichtigsten Knochen und Gelenke heißen, ist für Pferdekenner wichtig.

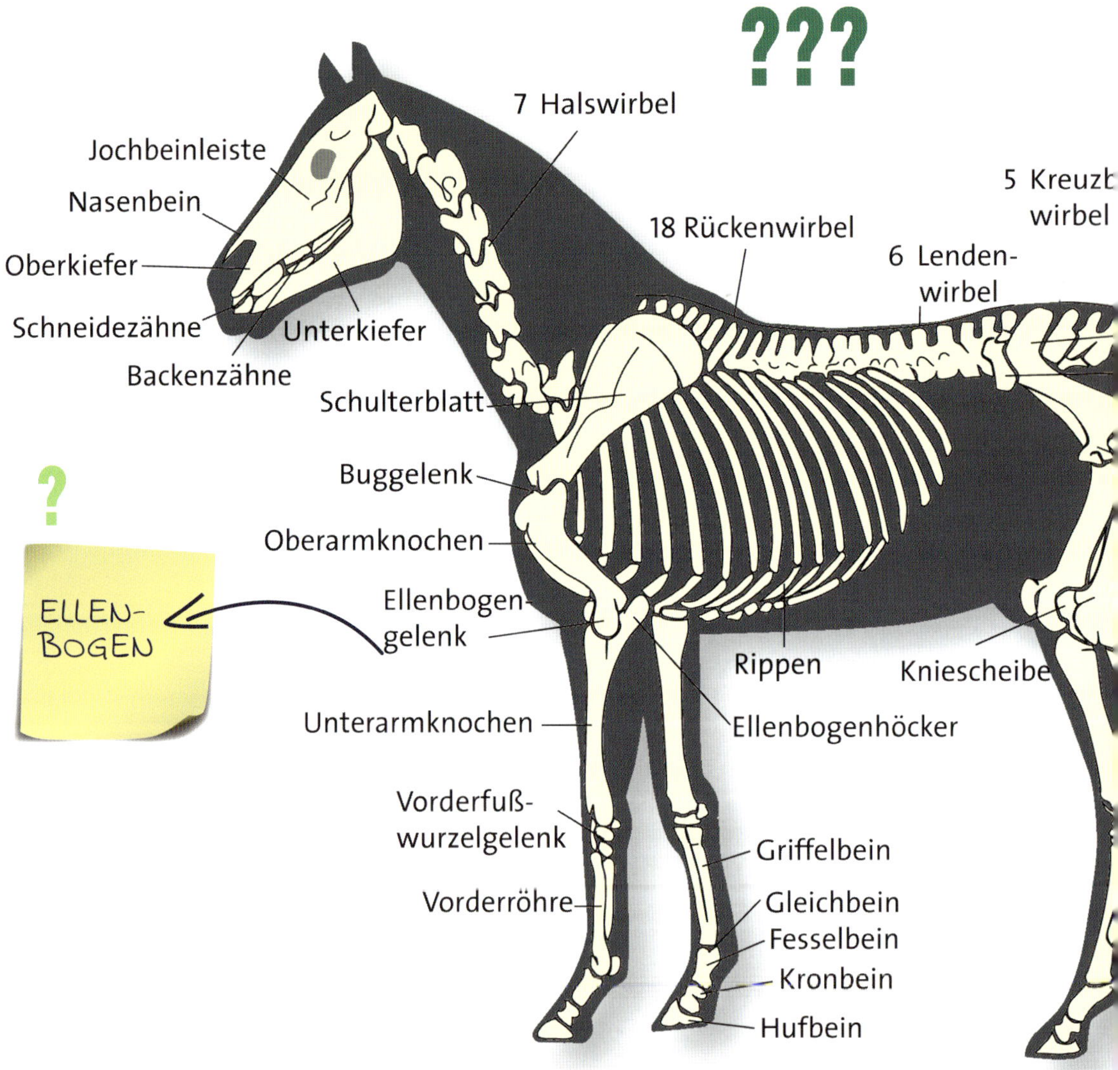

GELENKE AN DEN GLIEDMASSEN

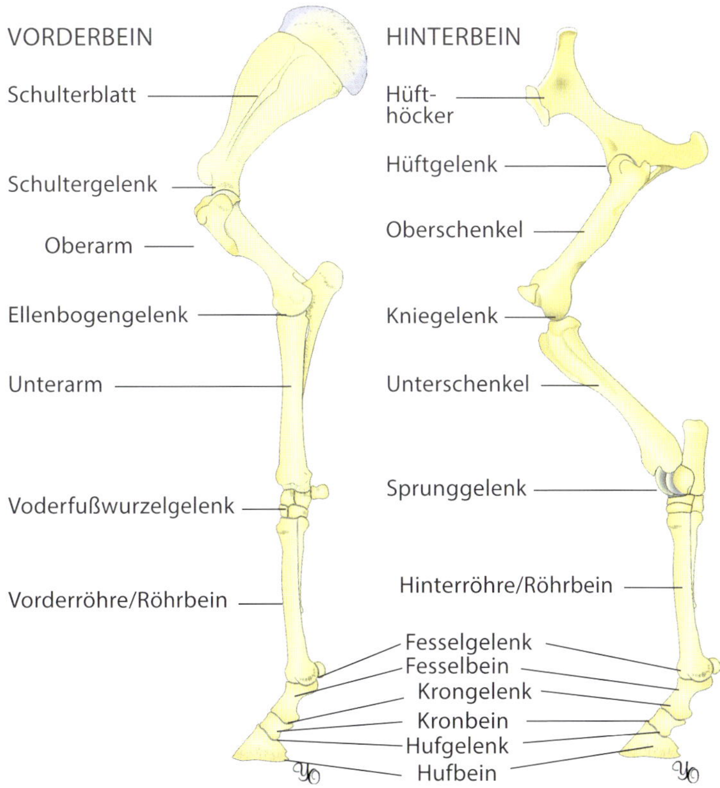

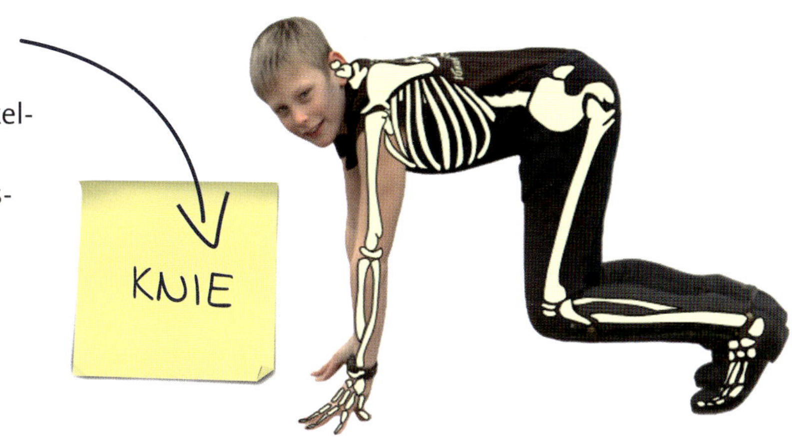

? Einteilung von Pferden

Es gibt auf der Welt ungefähr 250 verschiedene Pferderassen. Mit der Einteilung von Pferden in Größenklassen, Kategorien und Rassen verschaffen wir uns einen Überblick und können erste Rückschlüsse auf ihr Temperament ziehen.

Es erleichtert den Umgang miteinander, wenn Pferd und Mensch zueinander passen. Die verschiedenen Pferdetypen unterscheiden sich nicht nur äußerlich, sondern oft auch in ihrem Temperament.

Lassen wir uns nicht beirren: Die Einteilung eines Pferdes in eine Kategorie hat nichts mit der Temperatur seines Blutes zu tun. Vielmehr bezieht sich die Einteilung und Benennung auf das **Temperament**. Beschrieben wird, ob ein Pferd heißblütig – also temperamentvoll – oder eher kaltblütig – gelassen – ist. Die Pferde innerhalb der Kategorien unterscheiden sich deutlich in ihrer Figur – der Fachbegriff in diesem Zusammenhang lautet: Kaliber. Das **Kaliber** eines Pferdes beschreibt das Verhältnis seiner Widerristhöhe zu seinem Gewicht. Ein schwerkalibriges Pferd wirkt dicker und so wird ein Kaltblüter in der Umgangssprache manchmal als »Dicker« bezeichnet. Dabei ist er nicht dick, sondern die Figur passt zu dem Kaliber eines Kaltblüters.

Pferde werden in Kategorien eingeteilt

- Vollblut
- Warmblut
- Kaltblut
- Spezialrassen

ZWEI MÖGLICHKEITEN, UM DIE GRÖSSE ZU MESSEN

Das Stockmaß wird an der höchsten Stelle am Widerrist gemessen.

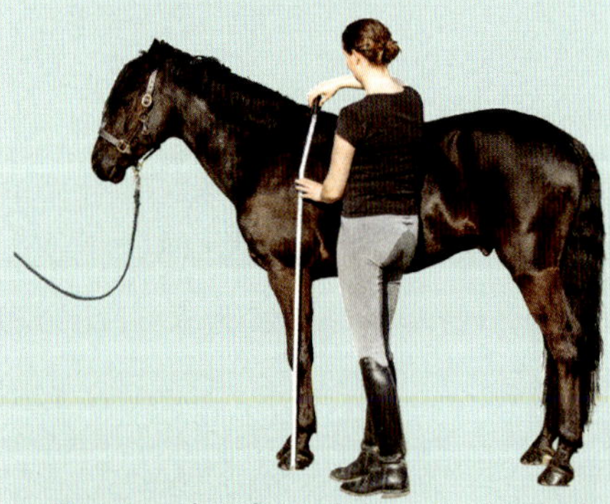

Das Bandmaß wird von der Hufaußenkante entlang der Körperrundung bis zum Widerrist gemessen. Dadurch ist der Wert höher als beim Stockmaß.

Das Vollblut

Pferde mit leichtem Kaliber und feinem Erscheinungsbild zählen zu den Vollblütern. Die Abstammung der Vollblutpferde geht auf Araberpferde zurück. Wir unterscheiden zwischen dem Englischen Vollblut – es trägt hinter seinem Namen die Buchstaben XX – und dem Arabischen Vollblut mit einem OX hinter seinem Namen. Vollblutpferde haben einen eleganten Kopf und man spricht von einem trockenen Erscheinungsbild, was in der Reitersprache so viel bedeutet wie: Knochen und gegebenenfalls Adern und Sehnen sind von außen klar erkennbar. Viele Rennpferde zählen zu den Vollblütern und in der Zucht werden sie manchmal eingesetzt, um andere Rassen zu verfeinern. Vollblüter wirken nervös und angespannt, dabei sind sie stets bereit zum Sprint.

Das Warmblut

Warmblutpferde gelten in der Theorie als ruhig, gelassen und gut umgänglich und sie verfügen über ein mittleres Kaliber.

VOLLBLUT

Rennpferde im Galopprennsport erreichen Spitzengeschwindigkeiten von mehr als 60 km/h.

Ein Merkmal des Ararbers ist sein feiner Kopf mit konkaver Nasenlinie (Hechtkopf oder Araberknick).

WARMBLUT

Deutsche Reitpferde sind in vielen Sparten unter Freizeit- und Sportreitern weit verbreitet.

Beim Westernreiten sind Quarter Horses, Paints oder Appaloosas weltweit sehr beliebt.

Warmblutpferde sind beliebte Freizeitpartner in allen Sparten der Reiterei, des Fahrsportes oder bei den Voltigierern. Warmblüter haben kräftigere Gelenke und mehr Masse als Vollblutpferde.

Das Kaltblut

Kaltblutpferde sind heute noch Arbeitstiere – zum Beispiel im Wald. Auch unter vielen Reitern und Fahrern sind Kaltblüter als Freizeitpferde wegen ihrer manchmal eigenwilligen, aber vor allem ruhigen Art beliebt.

KALTBLUT

Kaltblutpferde werden gerne als Rückepferde bei der Waldarbeit eingesetzt.

Shire Horses sind die größten Pferde der Welt. Sie werden über 2,0 m groß.

Zu Kaltblutrasse zählt der Ardenner, der Noriker, das Belgische Kaltblut, der Brabanter, der Bretone oder das Clydesdale und das Shire Horse.

WEITERE GRUPPEN UND SPEZIALRASSEN

- DEUTSCHE REITPFERDE

In den Deutschen Zuchtgebieten (siehe Umschlagklappe) werden diese beliebten Freizeit- und Sportpferde entsprechend der jeweiligen Zuchtziele gezüchtet.

- GANGPFERDE

Diese Pferde bewegen sich außer in den Standardgangarten Schritt, Trab und Galopp in weiteren. Die zusätzlichen Gangarten heißen: Tölt, Pass, Paso, Foxtrott, Walk, Marcha, Rack und Slow Gait. Gangpferde sind zum Beispiel Islandpferde, Paso Finos oder Töltende Traber.

- WESTERNPFERDE

Für das Westernreiten gezüchtete und eingesetzte Pferde wie Appaloosa, Paint Horse oder Quarter Horse.

- SPEZIALRASSEN

Dazu zählen Andalusier, Friesen, Lipizzaner, Tinker und Traber.

- PONYS

Ponys sind maximal 1,48 m groß. Das ist das Ponymaß, das auf Turnieren die Teilnahme begrenzt. Kleinpferde zählen heute zu den Ponys. Früher galt für sie ein Zwischenmaß von 1,30 bis 1,48 m.

Gangpferde haben wie gesagt besondere Gangarten. Eine davon ist der Tölt. Die Besonderheit beim Tölt ist die, dass die Beine nacheinander aufgesetzt werden und immer ein Bein den Boden berührt. Das macht den Tölt sehr bequem zu sitzen.

Gangarten und Bezeichnungen

In der Natur bewegen sich Pferde überwiegend im Schritt und im Galopp. Schritt ist die Gangart beim Fressen und Schlendern, Galopp die Gangart für die Flucht.

Wir unterscheiden die Gangarten
- Schritt
- Trab
- Galopp

Im Schritt sprechen wir von einzelnen **Schritten**, die ein Pferd zurücklegt. Nacheinander werden die Füße angehoben und wieder abgesetzt.
Im Trab werden die einzelnen Bewegungsabschnitte als **Tritte** bezeichnet. Ein Pferd bewegt im Trab gleichzeitig die diagonalen Beinpaare.

Im Trab entsteht ein Moment, in dem das Pferd schwebt. Die Beinpaare bewegen sich diagonal.

Das bedeutet: Wird das innere Hinterbein angehoben, passiert dasselbe mit dem äußeren Vorderbein. Zwischen dem Wechsel der Beinpaare hat das Pferd keinen Kontakt zum Boden. Das nennt man »**Schwebephase**«. Auch in der Gangart Galopp gibt es einen Moment, in dem ein Pferd schwebt. Es bewegt sich in einzelnen **Galoppsprüngen** fort. Rückwärts setzt ein Pferd die Beine wie im Trab. Deshalb spricht man auch hier von **Rückwärtstritten**.

GANGPFERDE

Töltende Traber sind zum größten Teil aus dem American Standardbred entstanden.

Die Gangart Tölt ist bequem zu sitzen. Mindestens ein Pferdebein hat immer Kontakt zum Boden.

Arbeitsblatt

Um Dein Wissen zu testen, kreuze die richtigen Antworten an. Nutze den Lösungsbogen der hinteren Umschlagklappe um zu schauen, ob Du recht hast oder nicht.

ACHTUNG

Es gibt richtige und falsche Antworten!

Die Ethischen Grundsätze der FN
Das natürliche Verhalten
Die Wahrnehmung
Die Verdauung
Putzen und Pflegen

Wie zeigt sich ethisches Verhalten gegenüber alten Pferden?

- ○ Die Fütterung eines älteren Pferdes wird seinem Bedarf angepasst.
- ○ Wir verkaufen das Pferd, wenn es geforderte Leistungen nicht mehr erbringt.
- ○ Auch ein altes Pferd wird gepflegt und im Rahmen seiner Möglichkeiten bewegt.
- ○ Die Haltung wird den geänderten Ansprüchen des Pferdes angepasst.

Welche Gangarten kennst Du?

____

Ist es wichtig zu wissen, wie Pferde ursprünglich gelebt haben?

- ○ Ja, denn Pferde verhalten sich auch heute noch so, wie es ihrer Natur entspricht.
- ○ Nein, Pferde sind genau wie wir dem Fortschritt gefolgt und haben sich angepasst.

Jedes Pferd eignet sich gleichermaßen für ihm gestellte Aufgaben. Stimmt das, oder ...?

- ○ Durch Medikamente kann vieles möglich gemacht werden.
- ○ Leistung wird nicht erzwungen, die Stärken des Pferdes werden gefördert.
- ○ Ponys, Pferde und die meisten Rassen haben das gleiche Temperament.

Menschen und Pferde sollten zueinander passen. Worauf achten wir?

- ○ Kleine Menschen sollten sich große Pferde kaufen.
- ○ Ein erfahrenes Pferd ist ein sehr guter Lehrmeister für einen Anfänger.
- ○ Das Temperament eines Pferdes sollte zu den Fähigkeiten des Menschen passen.

Pferde haben ein sehr gutes Gehör, was bedeutet das für den Umgang?

- ○ Die Haare in den Ohren haben eine Funktion und dürfen nicht abgeschnitten werden.
- ○ Pferde können Geräusche hören, die wir nicht wahrnehmen, und davor erschrecken.
- ○ Pferde müssen Fliegenhauben passend zur Schabracke tragen.
- ○ Unsere Stimme ist ein gutes Hilfsmittel. Sie überträgt auch unsere Gefühle.

Bringe die Bürsten in eine Reihenfolge
(vom groben Schmutz zum feinen)

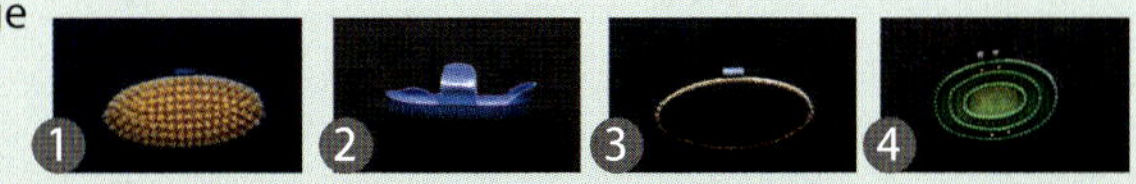

○ ○ ○ ○

Wie wird der Plastikstriegel eingesetzt, um Schmutz und Staub zu lösen?

○ Er wird für die weichen Körperpartien eingesetzt. Außerdem wird er zum Abstreifen der Bürsten benutzt.

○ Er wird für die knöchernen Strukturen an den Beinen und am Kopf benutzt.

Wodurch kann das Verhalten unserer Pferde beeinflusst werden?

○ Durch die Haltung, die Fütterung und den Gesundheitszustand.

○ Durch die Art der Ausrüstung, ihre Beschaffenheit und das Anlegen.

Ethik im Zusammenhang mit Pferden, was kann das bedeuten?

○ Wir übernehmen die Verantwortung für das Wohlergehen eines Lebewesens.

○ Pferde sind schön und wir kaufen ein neues, wenn sich unser Geschmack ändert.

Welche natürlichen Eigenschaften haben Pferde?

○ Sie sind Herdentiere, Fluchttiere und sie brauchen viel Bewegung.

○ Sie gehen auf Zehenspitzen und fressen häufig kleine Portionen.

○ Pferde sind Paarhufer und Einzelgänger.

Beschreibe in Stichworten die Verdauung und worauf zu achten ist:

____

____

____

____

____

____

Antwort

Der Weg des Futters in Kürze: Maul, Schlund, Magen, Dünndarm, Dickdarm, Mastdarm.
Kauen ⇨ regt die Speichelproduktion an
Schlund hat 3 Engpässe ⇨ er kann verstopfen
kleiner Magen ⇨ kann überladen, kein Weg zurück, ein Pferd braucht Ruhe für die Verdauung, Kraftfutter wird zu einem Großteil im Magen verdaut, Rohfaser ist für die Darmflora sehr wichtig ⇨ deshalb Heu vor Kraftfutter füttern, auf ausgewogene Fütterung (Ration) und Versorgung mit Nährstoffen achten

NOTIZEN

____

____

____

____

Robustpferde und Ponys

Die kleinen Pferde sind beliebte Freizeitpartner von Erwachsenen und Kindern. Sie werden in unterschiedlichen Bereichen eingesetzt und sind in vielen Ställen vertreten. Durch ihre Herkunft haben sie ganz spezielle Eigenschaften.

Robustpferde und -ponys gelten als leichtfuttrig, da sie ihr Futter gut verwerten. Bei wenig körperlichem Einsatz ist daher manchmal eine kontrollierte Weidehaltung besser geeignet als Kraftfutter. Bei diesen Rassen führt falsche Fütterung besonders häufig zu Krankheiten, wobei sie grundsätzlich als robust gelten und deshalb recht alt werden können.
Robustpferden wird ein gutes Sozialverhalten nachgesagt, deshalb gelten sie als gut verträglich mit anderen Pferden. Das liegt unter anderem daran, dass ihr Verhalten dem ihrer wilden Vorfahren sehr nahekommt. Es gibt aber durchaus Vertreter, die ein stark ausgeprägtes Selbstbewusstsein haben. Diese stellen die Rangordnung auch gegenüber ihren Menschen immer wieder in Frage. Sie müssen eindeutig wissen, wo ihr Platz in der Herde ist. Auch der Umgang mit Robustpferden sollte von einem gesunden, freundschaftlichen Maß an Respekt voreinander geprägt sein. Auch diese Rassen verlangen eine deutliche Führung durch den Menschen.

Haflinger

Die Heimat der Haflinger ist Südtirol. Die Ortschaften in den Höhenlagen waren über Pfade (Saumpfade) miteinander verbunden. Mit Haflingern – die zu den Kleinpferden zählen – wurden Güter und Menschen transpor-

? WELCHE PONY-RASSEN KENNST DU AUS DEINEM UMFELD?

Deutsches Reitpony	Haflinger	Isländer	Shetlandpony

tiert. Sie waren als geschickte Kletterer in den Bergen unterwegs.
Der Ort »Hafling« gab den Haflingern seinen Namen. Südlich von Meran liegt das heutige Avelengo auf einer Höhe von 1290 m. Sein Aussehen verdankt der Haflinger der Kombination von Tiroler Gebirgspferden mit arabischen und europäischen Pferden. Sie sind leistungsfähig, freundlich und umgänglich, wenn sie entsprechend behandelt werden. Als Fahr- oder Reitponys sind sie häufig im Einsatz. Ihr Gemüt macht sie zu guten Begleitern im Gelände. Im Turniersport stechen die Haflinger wegen ihres Aussehens hervor. Sie haben meistens mehr Kaliber als Sportponys.

Dülmener Wildpferd

Diese deutsche Ponyrasse hat ihren Ursprung im Merfelder Bruch bei Dülmen in Westfalen. Entstanden ist die Rasse aus einem der letzten Wildgestüte in Deutschland. Erstmals urkundlich erwähnt wurden die Wildpferde bei Dülmen im Jahr 1316. Dass die Wildpferde bis heute überleben konnten, ist dem Herzog Alfred von Croy zu verdanken, denn seit 1847 bietet er den Pferden im Merfelder Bruch ein Reservat.
Dort lebt die Herde in einem ca. 350 Hektar großen Naturschutzgebiet weitgehend ohne den Einfluss des Menschen. Die Herde setzt sich aus Stutenverbänden zusammen und wird von einer Stute geleitet. Nur im Frühjahr sind ein bis zwei ausgewachsene Hengste in der Herde, um den Nachwuchs sicherzustellen.
Außerhalb des Geländes werden die Pferde als »Dülmener« bezeichnet. Die Namensgebung »Wildpferd« bezieht sich auf die Lebensweise.
Die am häufigsten vertretenen Farben bei Dülmener Wildpferden sind Braun- oder Graufalben. Ein Falbe trägt einen Aalstrich auf dem Rücken, eine schwarze Linie, die deutlich erkennbar von der Schweifrübe bis zum Ansatz der Mähne verläuft. An den Beinen sind manchmal dunkle Streifen, die sogenannten Zebrastreifen, und Behang an den Fesseln.

Welshpony

Dülmener

Fjordpferd

Exmoor Pony

Die Dülmener Wildpferde gelten als äußerst lernfähig. Sie sind robust und widerstandsfähig, gutmütig und freundlich. Die Pferde sind in ihrem Verhalten sehr ursprünglich, deshalb muss hier besonders auf Klarheit in der Kommunikation zwischen Mensch und Pferd geachtet werden. Ein Dülmener übernimmt durchaus die Führung, wenn es der Mensch versäumt.

Ein Dülmener Wildpferd eignet sich als Familienpferd für den Einsatz vor der Kutsche und unter dem Reiter. Wenige von ihnen sind im Sport erfolgreich. Die einjährigen Hengste werden jedes Jahr am letzten Samstag im Mai im Rahmen einer Großveranstaltung aus der Herde gefangen. Ohne die Trennung der jungen Hengste würde es in der Herde zu Rangkämpfen um die Stuten kommen.

Shetlandpony

Das Shetlandpony stammt ursprünglich von den Shetlandinseln. Die »Shetlands« liegen im atlantischen Ozean zwischen Norwegen im Osten, den Färöer-Inseln im Norden und Schottland im Südwesten. Für das dortige Klima sind die Ponys wie geschaffen oder besser gesagt, sie haben sich dem Klima angepasst. Während der industriellen Revolution wurden die Tiere im Bergbau als Grubenponys eingesetzt.

Gedrungener breiter Rumpf, kurze Beine – die Shettys sind kleine Kraftpakete. Sie haben dichtes, langes Fell, das den Regen gut abhält und tragen dazu eine dichte Mähne.

Durch seine hohe Intelligenz und die Bindung an Menschen lernt dieses Pony sehr schnell – auch negative Eigenschaften treten so hervor. Ein Shetty verlangt mindestens die gleiche Aufmerksamkeit im Hinblick auf Erziehung und täglichen Umgang, wie sie den großen Artgenossen entgegengebracht wird.

Shetlandponys können sehr alt werden. Die Verantwortung als Familienpony wird oft an die nachfolgende Generation weitergegeben.

Im Verhältnis von Kraft zu Körpergröße sind die kleinen Shetlandponys die stärkste aller Rassen. Sie kommen als Fahrpony ebenso gut an, wie als erstes Pferd für Kinder.

? WELCHE PFERDE KENNST DU AUS DEINEM UMFELD?

Araber

Shire Horse

Trakehner

Lusitano

Fjordpferde

Das Fjordpferd stammt aus Norwegen und wird auch Norweger genannt. Es entstand aus einer Kreuzung der Wikinger-Pferde mit keltischen Rassen aus dem heutigen England und Irland. Ein »Fjordi« ähnelt im Aussehen den Przewalksi-Pferden der Mongolei. Durch das Einkreuzen von Kaltblütern sollten die Pferde größer und tragfähiger werden. Seit Ende des 19. Jahrhunderts werden sie ohne andere Rassen aus 3 Stammlinien gezüchtet. Daher sehen sie alle sehr ähnlich aus.

In der felsigen und kargen Landschaft arbeitete das Fjordpferd nicht nur in der Landwirtschaft, sondern wurde auch als Packpferd eingesetzt. Nach Deutschland kamen die ersten Pferde im Jahr 1938. In Tierparks wurden sie bei Versuchen zur Rückzüchtung des Przewalski-Pferdes eingesetzt. Nach dem Zweiten Weltkrieg waren sie in Deutschland als leichtfuttrige Arbeitspferde sehr begehrt. Ihr Charakter wird als freundlich und unerschrocken beschrieben. Norweger sind verlässlich im Temperament und leistungsbereit. Das robuste Fjordpferd gilt als tritt sicher und mutig im Gelände. Die Mähne kann schwarz oder mehrfarbig, d.h. schwarz und weiß, sein. Norweger haben einen Aalstrich, und an den Beinen sind häufig mehr oder weniger stark ausgeprägte dunkle Streifen erkennbar. Ihre Statur ist kräftig. Ebenfalls typisch ist das weiß gefärbte Maul, das auch als Milch- oder Mehlmaul bezeichnet wird. Abzeichen am Kopf sind in der Zucht nicht erwünscht. Ein kleiner Stern wird toleriert. Der Charakter des Fjordpferdes macht es zu einem guten Reit- und Fahrpferd für Erwachsene und Kinder. Auch beim therapeutischen Reiten ist es wegen seines freundlichen Gemüts sehr verbreitet.

Welsh-Ponys

Die Heimat dieser walisischen Rasse ist Wales in Großbritannien. Die Ponys haben eine sehr lange Tradition. Kelten, Römer und Normannen – Kriegermächte – wussten das Geschick der wendigen, flinken, kleinen Pferde zu schätzen.

Quarter Horse

Noriker

Warmblut

Tinker

Als Grubenpferde oder an der Seite von Schafhirten dienten sie Menschen bei der Arbeit. Der Einfluss von Berber-Pferden sowie Arabischen und Englischen Vollblütern zeigt sich im Erscheinungsbild und Charakter. Die Ponys sind heute in vier Gruppen (Sektionen) eingeteilt, deren Ursprung die Welsh-Mountain-Ponys sind.
Sektionen von A bis D:

- Sektion A: Welsh-Mountain-Pony
- Sektion B: Welsh-Pony
- Sektion C: Welsh-Pony im Cob-Typ
- Sektion D: Welsh Cob

Die vier Sektionen unterscheiden sich in Größe, Aussehen und charakterlichen Eigenschaften. Je nach Sektion sind die Ponys stämmiger oder feingliedriger, kleiner oder größer. Welsh-Ponys gelten als mutig, anspruchslos und intelligent und verfügen über gute Bewegungen. Ihr ausgeglichenes Temperament macht sie zu geeigneten Partnern für Kinder und Jugendliche. Fahrer schätzen ihre Gehfreude und ihre Energie, und auch als Trekking- oder Wanderreitpferde sind sie beliebt. In den richtigen Händen werden ihre Dressur- und Springeigenschaften gefördert.

New-Forrest-Pony

Es stammt aus dem New Forrest, einem Waldgebiet im Süden Englands nahe Southampton. Die Moorponys aus dem Gebiet kreuzten sich mit freigelassenen Hauspferden. Darunter waren Hackneys, Araber und Poloponys. In der Zucht wurden Vollblüter, Araber und Exmoorponys eingekreuzt.
Im Nationalpark in Hampshire leben heute noch viele Ponys in halbwilden Herden. New-Forest-Ponys werden in Typ A (etwas größer) und Typ B unterschieden. Sie sind in der Regel trittsicher, unkomplizert, klug und zuverlässig und daher beliebt in allen Sparten.

Islandpferd

Isländer stammen, wie der Name verrät, aus Island. Heute noch leben die Pferde in großen Herden auf der Insel und begleiten die Einwohner und Touristen als treue Reit- und Packpferde. Die ersten Islandpferde

WELCHE AKTIVITÄTEN FINDEN IN DEINEM UMFELD STATT?

Jagdreiten

Vielseitigkeitsreiten

kamen in der Zeit zwischen 860 und 935 n. Chr. an Bord der Wikingerschiffe ins Land. Der Witterung ausgesetzt haben sie ein dichtes Winterfell entwickelt, das sie vor Kälte schützt. Typisch ist die auffällige Mähne. Isländer können bis zu 40 Jahre alt werden. Der älteste Isländer soll 59 Jahre alt geworden sein. Isländer gelten als abgehärtet, ausdauernd und selbständig, da sie sich in der natürlichen Umgebung der Insel in dem rauen Klima entwickelt haben. Ihr Körperbau ist eher kräftig. Ihr Stockmaß liegt zwischen 1,35 und 1,50 m. Sie sind in unseren Breiten beliebt bei Erwachsenen und Jugendlichen. Isländer verfügen über mehr als drei Gangarten: Tölt und Pass sind zwei zusätzliche angeborene Gangarten.

Isländer machen Spaß, weil sie kontaktfreudig und freundlich vom Wesen sind. Es heißt, sie seien kaum schreckhaft.

Sportponys: Deutsches Reitpony

Das Ziel der deutschen Reitponyzucht ist die Zucht eines Ponys mit den Eigenschaften eines Reitpferdes. Reitponys wirken daher aus der Ferne wie kleine Großpferde. Ihr Körperbau ist oft elegant und ihre Bewegungen ähneln denen der Reitpferde. Reitponys sehen wir häufig in sportlichen Disziplinen wie Dressur, Springen oder Fahren. In den deutschen Zuchtgebieten werden sie entsprechend der in den Stammbüchern hinterlegten Ziele gezüchtet. Sie eignen sich für Kinder, Jugendliche und leichte Erwachsene.

Ein kleines Pferd

Die Größe eines Pferdes sagt nicht viel darüber aus, ob ein Anfänger mit ihm umgehen kann oder nicht. Denn auch ein kleines Pferd verlangt höchste Aufmerksamkeit und gute Führung. Oft sind Anfänger bei einem großen Pferd im Umgang unsicherer als bei einem kleinen. Der Einstieg in das Thema »Pferd« kann demnach vielleicht für einen Erwachsenen mit einem gut erzogenen und erfahrenen Kleinpferd erleichtert werden. Doch müssen die Größenverhältnisse und das Gewicht zueinanderpassen.

WELCHE AKTIVITÄTEN MIT PFERDEN KENNST DU NOCH?

Fahren

Bodenarbeit und Zirkuslektionen

Eindeutige Erkennungsmerkmale

Ähnlich wie Menschen über einen Fingerabdruck voneinander zu unterscheiden sind, haben auch Pferde eindeutige Erkennungsmerkmale.

Es gibt zahlreiche Situationen, in denen es wichtig ist, (s)ein Pferd eindeutig zu identifizieren. Sei es, dass ein Tier aus der Herde oder aus der Box geholt werden soll. Oder im Speziellen, wenn es um den Kauf eines Pferdes oder die Behandlung durch einen Tierarzt geht. Jedes Pferd hat – so schreibt es die Gesetzgebung vor – einen **Equidenpass** (er wird auch Pferdepass genannt).

Ein Ziel ist es, durch die Dokumentation im Pass, mehr Transparenz und Sicherheit – auch grenzüberschreitend – im **Pferdehandel** zu schaffen. Außerdem können die Ermittlungen bei der **Bekämpfung** von anzeige- und meldepflichtigen **Pferdeseuchen** bzw. -krankheiten wirksamer durchgeführt werden.

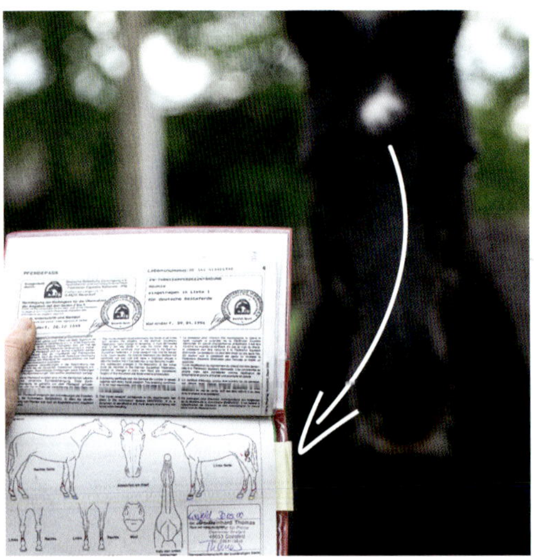

Die Abzeichen des Pferdes werden zum Beispiel von einem Tierarzt in den Pass eingezeichnet.

Der Equidenpass

In den meisten Fällen wird der Pass durch den **Zuchtverband** im Rahmen einer Fohlenregistrierung ausgestellt. Das geschieht entweder auf einer **Zuchtschau** oder bei einem Termin vor Ort durch einen Mitarbeiter des Verbandes.

Für Pferde, die als Turnier- oder Freizeitsportpferd eingetragen werden sollen, können die Unterlagen zur Passausstellung bei der FN bestellt werden. In Nordrhein-Westfalen ist die FN außerdem der richtige Ansprechpartner, wenn es um die Ausstellung von Dokumenten für passlose Pferde geht. In den anderen Bundesländern wendet man sich an ausgebende Stellen eines Pferdepasses (siehe Folgeseite).

In den Equidenpass werden eindeutige **Erkennungsmerkmale** eingetragen. Der Pass gehört zum Pferd und muss es immer begleiten – bei jedem Transport, zum Turnier oder auf einen langen Wanderritt. Der Pferdehalter muss ihn direkt oder unverzüglich bei Verlangen (z.B. behördlicher Aufforderung) vorlegen können.

ABZEICHEN AM KOPF

Stirnhaare (Sth.)

Stern (St.)

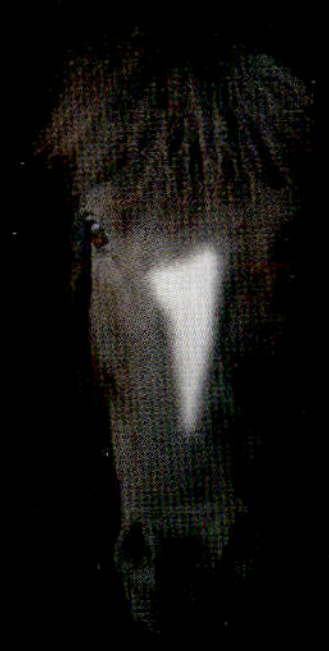

Großer Keilstern (gr.Kst.)

Flocke (Fl.)

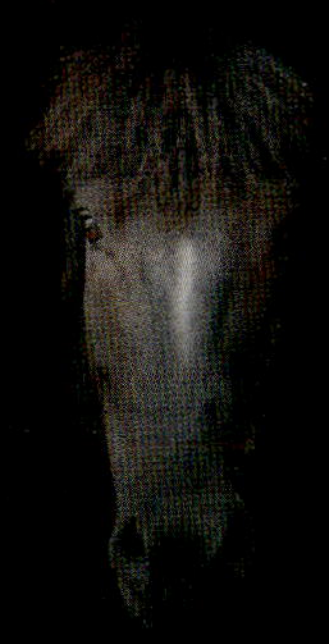

Langer Strich (l. Str.)

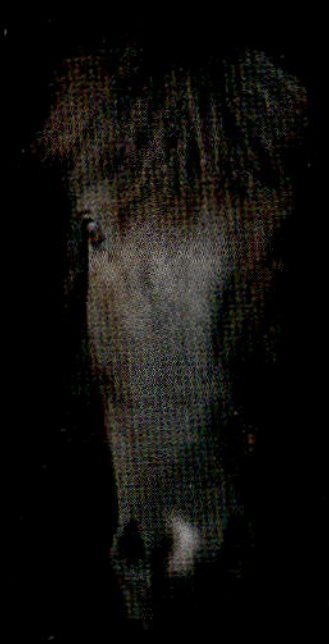

Schnippe (Schn.)

Durchgehende Blesse (dchg. Bl.)

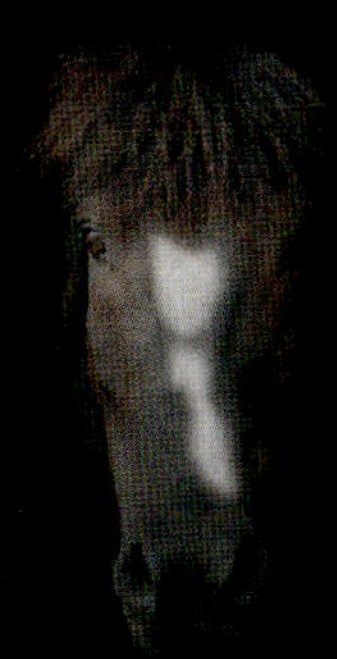

unregelmäßige, unerbrochene Blesse (unreg. , unt. Bl.)

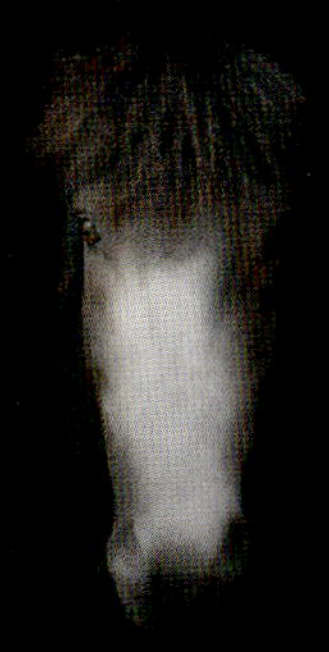

Laterne

INFORMATIONEN AUS DEM EQUIDENPASS

- Lebensnummer, Geschlecht, Geburtsdatum, Name
- Züchter, Besitzer und Besitzerwechsel (Registernummer des Pferdehalters)
- Zuchtbrand /-gebiet, Microchip-Nr., ggfs. die Nummer des Nummernbrands
- Skizze oder Beschreibungen der Abzeichen, Wirbel, Farbe
- Kastanien (bei einem internationalen Pass der FEI)
- Abstammung (Vater, Mutter und Vorgängergenerationen)
- Sportinformationen, Turnierpferd-eintragung, Messungen
- Impfungen, Arzneimittelbehandlungen, Gesundheitskontrollen
- Dopinguntersuchungen, Identitätskontrollen
- Das Pferd ist zur Schlachtung bestimmt: ja oder nein?

Wechselt ein Pferd den Stall, darf es nur mit einem Pferdepass aufgenommen werden. Wurde es nach dem 30.06.2009 geboren, muss es mit einem **Mikrochip** gekennzeichnet sein. Ein Verstoß gegen diese Regelung kann mit Bußgeld geahndet werden. Im Falle eines Besitzwechsels wird der Pass mit dem Pferd an den neuen Eigentümer übergeben. Der Besitzwechsel wiederum wird durch die verantwortliche Stelle im Pass vermerkt. Der Pferdehalter ist hierzu gemäß der Vorschrift der Durchführungsverordnung (EU) 2015/262 und der Viehverkehrsverordnung verpflichtet. Der Original-Pferdepass wird dazu per Einschreiben an die verantwortliche Stelle geschickt. Teilnehmer an **Pferdesportveranstaltungen der FN** müssen den Equidenpass auf Verlangen vorzeigen können, denn der erforderliche Impfschutz wird darin dokumentiert. Im Pass wird festgehalten, ob ein Pferd für die **Schlachtung** bestimmt ist oder nicht. Pferde sind in der Europäischen Union (EU) als Lebensmittel-Lieferanten (Tiere) eingestuft, die für den menschlichen Verzehr gedacht sind.

Ein Schlachtpferd darf aus diesem Grund nur mit speziellen – für Schlachtpferde zugelassenen – Medikamenten von einem Tierarzt behandelt werden. Die Anwendung und den Bezug der **Medikamente** muss der Halter durch die Belege vom Tierarzt nachweisen – dazu ist er verpflichtet. Im Rahmen einer Behandlung durch den Tierarzt kann die Frage aufkommen, ob das ganze Spektrum an Medikamenten – auch für Nicht-Schlachtpferde ausgeschöpft werden soll. Dann ist es möglich, diesen Eintrag auf Nicht-Schlachtpferd zu ändern.

ZUSATZINFOS IM INTERNET

www.bmel.de
Informationen zu den ausstellenden Stellen und zur zentralen Datenbank.

Eine Änderung ist nur in diese Richtung möglich. Wenn ein Pferd einmal als »nicht für die Schlachtung« bestimmt eingestuft wurde (Vermerk im Equidenpass) bleibt das unwiderruflich so.
Die Änderung zu einem Nicht-Schlachtpferd muss im Originalpass durch den behandelnden Tierarzt dokumentiert werden. Des Weiteren besteht die Verpflichtung, auch diese Änderung an die entsprechende passausgebende Stelle zu übermitteln.

Der Mikrochip

Für die Beantragung eines Passes werden Pferde im Vorfeld mit einem Transponder (Mikrochip) gekennzeichnet. Genau in die Mitte zwischen Widerrist und Genick im oberen Halsdrittel im Bereich des Nackenbandes wird er durch einen Tierarzt, einen Beauftragten des Zuchtverbandes oder von der Veterinärbehörde eingesetzt.
In den Chip ist eine **15-stellige Nummer** eincodiert, die mit einem Lesegerät ausgelesen werden kann. Diese Nummer wird in den Equidenpass und falls vorhanden in die Zuchtpapiere eingetragen. Damit ist das Pferd digital unverwechselbar eindeutig gekennzeichnet, und es besteht ein direkter Bezug von der Nummer, die im Chip eincodiert ist, zu seinem Pass, in den diese Nummer eingetragen wird. Der Equidenpass mit der darin enthaltenen Mikrochip-Nr. ist ein lebenslang gültiges, **amtliches Identifikationsdokument**.
Letztendlich muss der Pass, wenn das Pferd nicht mehr lebt, wieder an die ausstellende Behörde zur Entwertung oder zur Vernichtung zurückgegeben werden.

KENNZEICHNUNG MIT TRANSPONDER (CHIP)

Für Pferde, die nach dem 30.06.2009 geboren wurden, ist die Kennzeichnung mit einem Transponder durch die EU-Gesetzgebung und durch das nationale Recht (Viehverkehrsverordnung § 44) vorgeschrieben.

BEACHTENSWERTES ZUM THEMA PFERDEPASS

- Der Equidenpass gehört zu einem Pferd und begleitet es immer, z.B. bei einem Stallwechsel, bei jedem Transport oder einem Wanderritt.
- Ein Stallbetreiber/Pensionspferdehalter darf ein Pferd nur aufnehmen, wenn der Equidenpass vorgelegt wurde.
- Nur in besonderen Fällen gibt es Ausnahmen. z. B. wenn ein Pferd im Stall oder auf der Weide gehalten wird und der Equidenpass unverzüglich vorgelegt werden kann, bei Fohlen, die noch bei der Mutter laufen oder in extremen Notsituationen (z.B. wenn ein Pferd schnell in eine Klinik gebracht werden muss). Der Pass muss unverzüglich nachgereicht werden.
  Es gilt die Durchführungsverordnung der EU 2015/262 23.2.

Die Farben

In Reiterkreisen heißt es oft: »Ein gutes Pferd hat keine Farbe.« Damit ist gemeint, dass die Farbe nichts über die Eigenschaften oder den Charakter eines Pferdes aussagt. Um die Farben der Pferde genau beschreiben zu können, sind die Begriffe **Deckhaar** und **Langhaar** von Bedeutung. Das Deckhaar (Fell) bedeckt das Pferd am ganzen Körper. Zum Langhaar zählen die Mähne und der Schweif.

Schimmel werden übrigens mit schwarzem Fell geboren und erst im Laufe der Jahre heller. Man unterscheidet in Grau-, Braun-, Apfel-, Fliegen-, Schwarz- und Rotschimmel. Bei schwarzen Pferden (**Rappen**) wird zwischen Sommer- und Winterrappen unterschieden, weil manche Rappen im Sommer eher bräunlich wirken. Auch **Füchse** gibt es in verschiedenen Varianten, z.B. Schweißfuchs oder Dunkelfuchs. Braune Pferde haben schwarzes Langhaar und braunes Deckhaar.

Bei **Schecken** wird vorangestellt, welche Farbe bei den mehr oder weniger großen Flecken überwiegt. Zum Beispiel nennt man sie: Braun- oder Rappschecken. **Tigerschecken** haben dunkle oder helle Punkte oder Striche auf dem Fell verteilt.

Die eher seltenen **isabellfarbenen** Pferde haben gelbliches Kurzhaar und das Langhaar ist cremefarben oder sogar weiß – also heller. **Albinos** sind weiß, mit weißer Mähne und haben oft rote Augen. Das Fell eines **Falben** ist gelbbraun, beige oder gräulich und die Mähne sowie der Schweif sind schwarz. Häufig haben sie schwarze Beine und Hufe und einen Aalstrich.

PFERDEFARBEN

Farbe	Deckhaar	Langhaar
Fuchs	rötlich	gleich oder heller
Rappe	schwarz	schwarz
Brauner	braun	schwarz
Schimmel	weiß	weiß
Albino	weiß	weiß, oft rote Augen
Isabell	creme, gelb	heller
Falbe	beige	schwarz, oft Aalstrich auf Rücken
Schecke	gefleckt	gemischt
Tiger	gepunktet	gemischt

ABZEICHEN AN DEN BEINEN

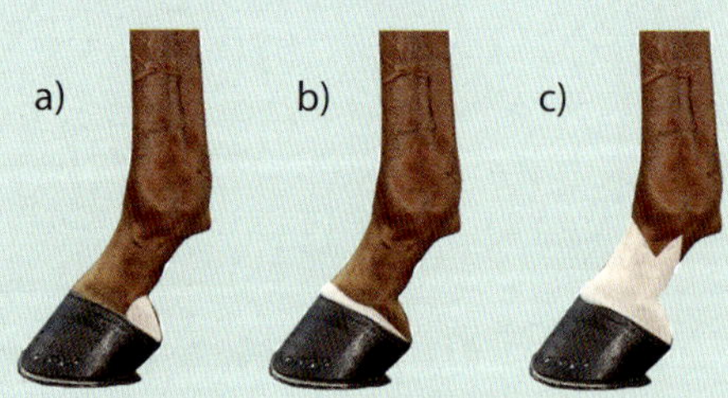

a) Linker Vorderballen weiß (l. Vb. w.)
b) Linke Vorderkrone außen weiß (l. Vk. a. w.)
c) Linke Vorderfessel weiß (l. Vfsl. w.) ...
Sie werden je nach Bereich am Bein benannt.

Die Wirbel

Bei Pferden, die ansonsten keine weiteren Abzeichen haben, sind die **Verwirbelungen der Haare**, des Fells am Kopf und am Körper als eindeutiges Erkennungsmerkmal besonders wichtig. Den Wirbeln von Pferden wird sogar nachgesagt, dass daran Charaktermerkmale erkennbar sind. Das Pferd selber ist auf jeden Fall dadurch gut von anderen zu unterscheiden.

Die Augen

Zu den eindeutigen Merkmalen zählen auch **Auffälligkeiten** an den Augen. Fehlende Farbpigmente im Auge führen dazu, dass es heller oder bläulich wirkt. Man spricht in diesem Zusammenhang von Fischaugen, Birkaugen, Menschenaugen oder Glasaugen.

!

EIN PFERDEAUGE MIT VIEL WEISS

Pferdeaugen, bei denen die weiße Lederhaut (Sklera) deutlich zu erkennen ist, werden unter anderem **Menschenaugen** genannt.

Es ist ein Irrtum, dass diese Pferde besonders schwierig, unberechenbar oder temperamentvoll sind.
Da auch bei einem sehr aufgeregten Pferd das Weiß durch die weit aufgerissenen Augen aufblitzt, kam es zu dem Mythos, dass diese Pferde schwieriger im Umgang sein könnten als andere.

Bei einem Fischauge ist die Iris weiß bis blass-hellblau, die Pupille ist normal dunkel gefärbt.

Der Ring um die Iris ist bei Menschenaugen weiß. Solche Augen treten häufig bei Appaloosas auf.

KAPITEL
HALTUNG & GESUNDHEIT

DIE PASSENDE HALTUNG

DIE FÜTTERUNG

GIFTIGE PFLANZEN

DIE GESUNDHEITSVORSORGE

PULS - ATMUNG - TEMPERATUR

VERHALTEN IN DER NOT

KRANKHEITEN ERKENNEN

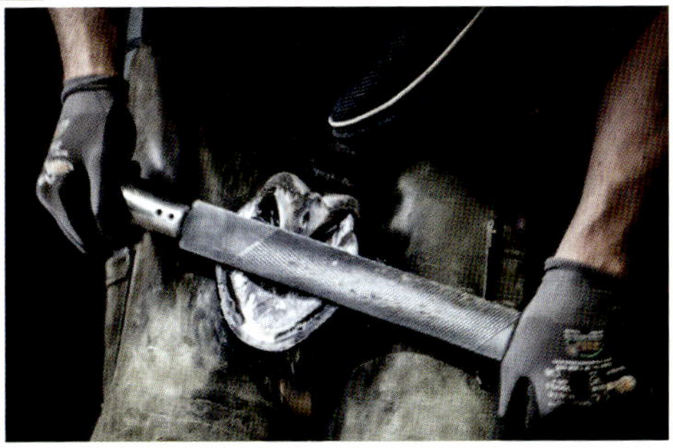

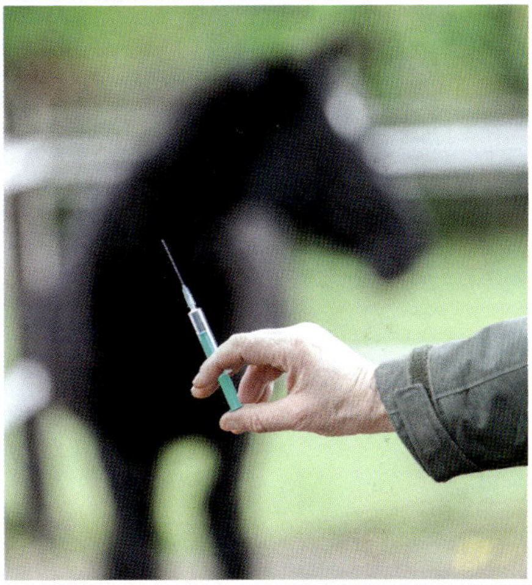

DIE PASSENDE HALTUNG

Die Grundbedürfnisse eines Pferdes sind von der Natur vorgegeben, und je mehr das Umfeld, die Versorgung und die Betreuung dazu passen, umso wohler fühlt es sich.

Die Steppen – in denen die Vorfahren unserer Pferde lebten – sind zu der heutigen **Kulturlandschaft** geworden. Die Flächen, die für die Pferdehaltung zur Verfügung stehen, sind begrenzt. In ihrem ursprünglichen Lebensraum waren Pferde sehr viel bei der Nahrungssuche in Bewegung.

Pferde, die sich viel bewegen und artgerecht versorgt werden, sind **zufriedener**. Dem Bewegungsbedarf gerecht zu werden, ist ein zentrales Thema bei der Beurteilung der Pferdehaltung. Man unterscheidet zwischen kontrollierter und unkontrollierter Bewegung.

Idealerweise ergänzen sich die Bewegungsangebote so gut, dass sie dem **Bedarf eines Pferdes** gerecht werden.

ZUSATZINFOS IM INTERNET

Bundesministerium für Landwirtschaft und Ernährung (BMEL): Beurteilung von Pferdehaltung unter Tierschutzgesichtspunkten.

VON A–Z	DIE PFERDEHALTUNG
Auslauf/Paddock	Der Auslauf ist ein sicher eingezäunter Bereich für die freie Bewegung. Der Boden muss trittsicher, rutschfest und trocken sein, oft ist es Sand. Auf keinen Fall dauerhaft matschiger Grund, Pfützen sollten zügig abfließen. **Größe:** für zwei Pferde mind. 150 m^2, für jedes weitere 40 m^2 zusätzlich.
Box	Stall für ein Pferd, mit Trog und Tränke, eventuell mit Heuraufe oder -netz. Sind mehrere Boxen in Reihe angeordnet, ist davor eine Stallgasse. **Mindestmaß:** Widerristhöhe x 2 zum Quadrat. **Beispiel:** Für ein 1,75 m großes Pferd = 12,25 m^2. **Boden:** Der Boden ist rutschfest und mit trockener Einstreu versehen. Die Vorlage von Raufutter am Boden ist möglich, wenn auf die Sauberkeit geachtet wird. Raufen u. Heunetze sind sicher anzubringen. Für Licht und Frischluft ohne Zugluft sorgt ein Fenster (Größe: mind. 1 m^2).
Boxengitterstäbe	Der Abstand zwischen den senkrechten **Gitterstäben einer Box** darf maximal 5 cm betragen. Die senkrechten **Stäbe bei Durchfressgittern**, die bis auf den Boden reichen, sollten einen Abstand von mind. 30 bis 35 cm haben.
Bodenbelag	Überall im Umfeld muss der Boden **trittfest** und **rutschfest** sein.
Einstreu	**Beispiele:** Stroh, Miscanthus, Hanf, Sägespäne, Leinstroh, aufbereitete Komposteinstreu. Angepasst an die Bedürfnisse des Pferdes (Besonderheiten: Stauballergie, Atemwegsbeschwerden, Gelenkbeschwerden etc.), lt. Tierschutzgesetz **verpflichtend**. Einstreu wird täglich **gereinigt** und **erneuert,** denn sie dient als Liegefläche.
Fenster, Licht, Luft	Die **Fensterfläche** sollte 1/20 der umbauten Fläche ausmachen. Sie sorgt für gute Lichtverhältnisse und Frischluft ohne Zugluft.
Stallgasse	Der Boden sollte befestigt und rutschfest sein. **Breite:** Die empfohlene Breite einer Stallgasse richtet sich nach der Größe der Tiere (Pony/Großpferd), der Art der Türen (oben halb zu öffnen, Schiebe- oder Schwenktüren) und, ob eine oder zwei Reihen (gegenüberliegend) durch die Gasse betreten werden. Sie beträgt zwischen 2,50 und 3,00 m.
Temperatur	Im Stall soll sie der **Außentemperatur** entsprechen (ihr folgen).
Trog und Tränke	Der Trog wird mit **viel Abstand** zur Tränke angebracht (an der gegenüberliegenden Wand). Die Höhe der Anbringung soll eine natürliche Fress- und Trinkhaltung ermöglichen. Sie werden regelmäßig gesäubert und die Tränke auf ihre Funktion überprüft.
Türen	Der Türverschluss muss vor dem Zugriff der Pferde gesichert sein. **Breite:** mindestens 1,20 m.
Wände	Ohne scharfe Kanten, Nägel, Schrauben, sauber und kein Schimmelbefall
Zaun	**Höhe:** mindestens 1,20 m hoch **Pfahlabstand:** 3,00 bis 3,50 m **Material:** mit geringem Verletzungsrisiko für Pferde, zum Beispiel: Holz, kombiniert mit Litze (Strom), o.ä. als sichtbare äußere Begrenzung.
Zubehör, Lagerung	**Hygienisch:** Futter trocken und staubfrei lagern. **Sicher:** Geräte griffbereit und sicher vor dem Zugriff durch Pferde. *In Anlehnung an die Leitlinien des BMEL zur Beurteilung von Pferdehaltungen.*

Passend für Mensch und Pferd

Wenn man sich vorstellt, dass Pferde in früheren Zeiten den ganzen Tag auf dem Feld arbeiten mussten und abends in ihrer Box standen, war der Stall für sie der Bereich, in dem sie für wenige Stunden zur Ruhe kamen. Heute ist es eher umgekehrt: Pferde verbringen fast den ganzen Tag **sich selbst überlassen in Ruhe**, und die Arbeit mit dem Menschen ist täglich auf kurze Zeit reduziert. Artgerechte Pferdehaltung mit Aufenthalt im Freien – egal ob nasses, dickes Winterfell, Schmutz oder ein erhöhtes Verletzungsrisiko durch Rangeleien – steht in Konflikt zu einem allzeit bereiten Freizeit- und Sportpartner, der stets sauber aus der Box geholt werden kann. Es muss für beide Seiten die **optimale Lösung** gefunden werden, wobei die Gesundheit und Zufriedenheit der Pferde an erster Stelle steht. Gutes Stallmanagement zeichnet sich auch dadurch aus, dass Pferde, die überwiegend in der Box gehalten werden, zusätzlich viel Auslauf erhalten.

Boxenhaltung, die durch gutes Stallmanagement aufgewertet wird, kann passend für ein Pferd sein.

Nur ein zufriedenes und gesundes Pferd ist zu Mitarbeit und Leistung bereit. Es ist gleichtültig, ob es um ein Sport-, Freizeit- oder Schulpferd geht: Jedes von ihnen sollte täglich zusätzlich Bewegung durch Spaziergänge, Aufenthalte auf der Weide oder in einem Auslauf mit anderen Pferde erhalten. Die Unterbringung in einem naturnahen Umfeld mit Bewegungsreizen und **Kontakt zu anderen Pferden** im Freien kommt den natürlichen Bedürfnissen nahe. Die draußen verbrachte Zeit, an der frischen Luft, mit Wind, Sonne, Regen und den dazugehörigen Temperaturunterschieden ist wichtig für die **Thermoregulation** der Pferde. Sie regulieren ihre Körpertemperatur und stellen sich auf äußere Einflüsse ein.

Deshalb wird darauf geachtet, dass die **Temperatur und die Lichtverhältnisse** in einem Stallbereich den Bedingungen außerhalb entsprechen. Die Tageslänge – genau genommen das Tageslicht – beeinflusst das Fellwachstum. Der Beginn des **Fellwechsels** hängt nicht nur von der Temperatur ab, sondern vor allem auch von der Tageslänge und den Lichtverhältnissen.

Einzelpferd oder Gruppenpferd

Ob ein Pferd alleine oder in einer Gruppe den Tag verbringt, hängt von vielen Faktoren ab: Alter, Charakter, Gesundheitszustand, Einsatzzweck und das erkennbare **Verhalten innerhalb einer Gruppe** sowie das Geschlecht spielen eine Rolle. Die **Gruppenhaltung** benötigt viel Platz. Es muss sichergestellt werden, dass jedes Pferd in Ruhe fressen, trinken und ausruhen kann. Möchte man eine gut zueinander passende

Gruppe zusammenstellen, muss man über eine Menge **Erfahrung** verfügen. Es kann gut sein, dass Pferde sich nicht einfügen, weil es nicht passt oder sie gestresst sind.

Denn nicht jedes Pferd hat den direkten Kontakt zu anderen Pferden erlernt und kommt damit zurecht. Harmonische Gruppen werden möglichst beibehalten und Neuzugänge vorsichtig eingegliedert. Die Gruppe sollte im Auge behalten werden, denn unter Umständen müssen Pferde, die dauerhaft stören, wieder aus der Gruppe entfernt werden. Diese Störungen sind oft ein Zeichen von **Unsicherheit** und führen zu Stress. Eine Möglichkeit, diesen Pferden dennoch Nähe zu anderen bieten zu können, sind abgetrennte, benachbarte Bereiche. Diese Bereiche sind zudem nützlich, um Pferde bei Bedarf von der Gruppe trennen zu können. Und auch wenn die Idee der Gruppenhaltung im Offenstall platzt, gibt es gute Alternativen.

GRUPPENLAUFSTALL

Aufzucht von Jungpferden in Gruppen nach Geschlechtern getrennt.

Vorteile
+ Abwechslung und Außenreize
+ Sozialkontakte zu Artgenossen
+ Bewegungsreize durch »Spielkameraden«

Nachteile
- Höheres Verletzungsrisiko
- Höherer Infektionsdruck
- Individuelle Versorgung erschwert

§ 2 TschG BETREUUNG VON TIEREN

Zum Wohl der Tiere ist ihr Schutz in der deutschen Verfassung verankert.

Wer ein Tier hält, betreut oder zu betreuen hat,

- muss das Tier seiner Art und seinen **Bedürfnissen** entsprechend angemessen ernähren, pflegen und verhaltensgerecht unterbringen,
- darf die Möglichkeit des Tieres zu **artgemäßer Bewegung** nicht so einschränken, dass ihm Schmerzen oder vermeidbare Leiden oder Schäden zugefügt werden,
- muss über die für eine angemessene Ernährung, Pflege und artgerechte Unterbringung des Tieres **erforderlichen Kenntnisse und Fähigkeiten** verfügen.

Jungpferde werden häufig – nach Geschlechtern getrennt – in Gruppen aufgezogen.

Die Weidehaltung

Pferde können durchaus das ganze Jahr über auf der Weide gehalten werden. Die Weide dient nicht nur als Futterquelle, sondern auch als Spielwiese und Aufenthaltsraum. Es gibt spezielle **Saatmischungen für Pferdeweiden**, die unter anderem verträgliche Kräuter enthalten. Der Nährstoffgehalt von Weidegras wird durch die Entnahme von Bodenproben ermittelt, und danach richtet sich eine zielgerichtete Düngung.

Der Untergrund sollte möglichst trittsicher sein, damit die **Grasnarbe** nicht zerstört wird. Zur Pflege der Weiden gehört Schleppen und Walzen im Frühjahr, regelmäßiges Abäppeln, wechselndes Abweiden sowie anschließendes Mähen.

Bei Pferden, die im Freien gehalten werden, muss immer das Umfeld auf mögliche Gefahren hin betrachtet werden. Die **Umzäunung und die Tore** müssen sicher sein. Pferde haben keinen Sinn für Gefahren, die wir als solche erkennen, wie zum Beispiel spitze Nägel, scharfkantige Gegenstände oder herumliegende Bänder oder Kabel. **Durchgänge und Tore müssen** immer so weit wie möglich geöffnet werden, damit Pferde nicht hängen bleiben. Stacheldraht ist aufgrund der hohen **Verletzungsgefahr** nicht geeignet. Zäune, die nur aus Stromlitze bestehen, werden von Pferden nicht immer deutlich wahrgenommen und sind daher weniger sicher.

Unterstand und Schutz

Bei längerem Aufenthalt im Freien oder wenn Pferde ganzjährig draußen gehalten werden, muss ein Unterstand vorhanden sein. Ein Dach über dem Kopf schützt Pferde vor extremen Witterungseinflüssen wie Hitze, Starkregen und Kälte.

Auch bei **Unterständen** und Gebäudezugängen für Pferde ist darauf zu achten, dass **mehrere Eingänge** Fluchtwege bieten.

Diese Art Heuraufe bietet Zugang von mehreren Seiten, so dass Pferde gleichzeitig fressen können.

Ein Schutz vor extremen Witterungen wie Hitze und Starkregen muss für Pferde vorhanden sein.

Zu Rangeleien kommt es häufig bei der Fütterung. Man nennt das **Futterneid**. Dort, wo Pferde sich in Gruppen aufhalten, dürfen keine »Engpässe« oder »Sackgassen« vorhanden sein, sondern es muss immer genügend Raum zum Ausweichen bestehen.

Versorgung und Ruhe

Genügend Raum benötigen Pferde auch, um in Ruhe fressen und ausruhen zu können.

Ein **Futterstand** ist eine Möglichkeit, um jedes Pferd individuell versorgen zu können. Da nur jeweils ein Pferd Zugang dazu hat, kann es weitgehend ungestört und geschützt sein Futter aufnehmen. Ebenso braucht ein Pferd für sein Wohlergehen die Möglichkeit, sich hinlegen zu können, ohne bedrängt zu werden.

Die **Ruhephasen** verteilen Pferde über den ganzen Tag. Entweder ruht ein Pferd tatsächlich nur stehend oder es liegt in der Bauchlage im Halbschlaf.

WEIDEHALTUNG

Saisonal (Frühjahr bis Herbst) oder ganzjährig auf der Weide mit Schutz vor der Witterung.

Vorteile

+ Nah an den natürlichen Bedürfnissen, permanente Bewegung und Futteraufnahme möglich.
+ Kontakt zu anderen Pferden, wenn gleichzeitig Gruppenhaltung.
+ Außenreize und Witterungseinflüsse.

Nachteile

- Futteraufnahme kaum zu beeinflussen bzw. zu rationieren.
- Individuelle Fütterung und Medikamentengabe erschwert.
- Hoher Flächenbedarf, im Winter leiden der Untergrund und die Grasnarbe.
- Höhere Verletzungs- und Ansteckungsgefahr als in Einzelhaltung.
- Witterung und Fellbeschaffenheit beeinflussen den Pflegeaufwand vor und nach der Arbeit/dem Training.

Mit Futterständern ist die individuelle Fütterung auch in einer Gruppe möglich.

Mehrere Zugänge im Gruppenstall sorgen dafür, dass Pferde sich aus dem Weg gehen können.

Den **Tiefschlaf** in seitlicher Lage genießen Pferde, wenn sie sich sicher fühlen und einen für sie bequemen Platz dafür finden. Generell liegen Pferde gerne auf weichem, trockenen **Untergrund**. Liegeflächen in Ställen (Boxen) oder im Außenbereich sollten diesen Komfort bieten.

BOXENHALTUNG

Vorteile
+ Individuelle Fütterung. und Medikamentengabe möglich.
+ Abschwitzen ohne Zugluft.
+ Ungestörter Bereich für die Ruhephasen.
+ Sicherer und kontrollierbarer Aufenthaltsort (z.B. im Krankheitsfall).

Nachteile
- Bewegung muss geschaffen werden.
- Kaum direkter Kontakt zu Artgenossen.

Boxen mit Auslauf verschaffen dem Pferd etwas Abwechslung durch Außenreize.

Box mit Auslauf

Die Boxenhaltung wird häufig durch einen angrenzenden kleinen Auslauf erweitert. Dieser ermöglicht einem Pferd den Wechsel zwischen Innen- und Außenbereich und bietet damit etwas Abwechslung und Kontakt zur **Außenwelt**. Stellen wir uns vor, wir wohnen in einem Einzimmerapartment mit Balkon. Auch wir würden unseren Aufenthalt durch Ausflüge und zusätzliche Bewegung ergänzen, um gesund zu bleiben und uns wohlzufühlen. Für Pferde übernehmen Menschen diese Verantwortung, denn auch in dieser Form der Haltung müssen Pferde täglich **zusätzlich bewegt** werden.

Der Offenstall

Der Offenstall bietet einen direkten Zugang nach draußen zur Bewegungsfläche. Das kann ein großer Auslauf mit Sand als Untergrund oder ein direkter Zugang auf eine

GRUPPENHALTUNG

Vorteile
+ In Kombination mit Zugang zu befestigtem Auslauf, Paddock oder Weide gut für den täglichen Bewegungsbedarf.
+ Sozialer Kontakt zu Artgenossen.
+ Bewegungsreize und Abwechslung.
+ Außenreize durch die Witterung.

Nachteile
- Höhere Verletzungs- und Ansteckungsgefahr, als in Einzelhaltung.
- Individuelle Fütterung und Medikamentengabe erschwert.
- Nicht jedes Pferd ist geeignet, in einer Gruppe zu leben, für manche bedeutet der Aufenthalt Stress.

ganzjährig zur Verfügung stehende Weide sein. Ein Offenstall hat einen Liegebereich, Bewegungsfläche(n), Futter- und Wasserangebot und bietet Schutz vor der Witterung. Die **Bewegungsflächen** sollten so beschaffen sein, dass sie nach Niederschlägen schnell **abtrocknen** – also nicht dauerhaft matschig sind.

Der Aktivstall

In einem Aktivstall werden mehrere Pferde in Gruppen gehalten. Charakteristisch für diese Form der Haltung sind die **unterschiedlichen Funktionsbereiche**, die möglichst weit auseinanderliegen und über Laufwege verbunden sind. Die Bereiche sind unterteilt in einen Raufutterbereich, einen Liegebereich, einen Spielbereich und einen Trinkbereich. Über einen **Erkennungschip**, der ausgelesen wird, wird jedes Pferd individuell mit Kraftfutter versorgt und der Zugang zu den unterschiedlichen Bereichen wird darüber **gesteuert**.

AKTIVSTALL

Einteilung in verschiedene Bereiche mit automatischer Versorgung über Chip.

Vorteile
+ Bewegungsreize durch die Bereiche.
+ Außenreize und Witterungseinflüsse.
+ Kontakt zu anderen Pferden.

Nachteile
- Individuelle Fütterung und Medikamentengabe erschwert.
- Höhere Verletzungs- und Ansteckungsgefahr, als in Einzelhaltung.

EIN GUTES UMFELD FÜR PFERDE

- Erfahrene Pferdehalter kümmern sich verantwortungsvoll um die Pferde. Die notwendigen Fachkenntnisse und Fähigkeiten für den Umgang mit Pferden sind vorhanden.
- Der Bedarf an Futter und Wasser in guter Qualität ist gesichert. Heu steht über den Tag verteilt zur Verfügung. Lange Fresspausen werden vermieden.
- Der Lebensraum ist geschützt und sicher. Die Umzäunung ist pferdegerecht.
- Für Ruhephasen ist genügend Platz und die Liegeflächen bieten Komfort.
- Mindestens Sicht-, Hör- und Geruchskontakt zu anderen Pferden ist möglich.
- Direkter Kontakt zu verträglichen Artgenossen wird behutsam geprüft und angeboten.
- Klima- und Außenreize werden wahrgenommen, doch können sich die Pferde vor extremen Witterungseinflüssen (Hitze, Sturm, Regen) in einem Unterstand schützen.
- Das Klima im Stallbereich entspricht dem Licht-, Temperatur- und Frischluftbedarf von Pferden.
- Sichere Möglichkeiten zur freien Bewegung werden geboten.
- Das Pferd ist über den Tag abwechslungsreich beschäftigt.
- Die Bewegungsflächen sind trittfest und sauber.

BEISPIEL FÜR EINEN PADDOCK-TRAIL

Die Wegstrecke wird in Form einer breiten Gasse »endlos« mit Ausweichmöglichkeiten angelegt.

Die Pferde wandern von Futterstelle zu Futterstelle und regen sich zum Weitergehen an.

Eine schlaue Lösung: Der Zugang zur abgesteckten Weide wird durch eine Zeitschaltuhr geöffnet.

Der Paddock-Trail

Ein weiteres Haltungskonzept, bei dem Pferde sich für ihre Grundversorgung bewegen müssen, heißt: »Paddock-Trail«. Um an Futter und Wasser zu gelangen, sind **Wege zurückzulegen**. Erforderlich ist dafür ein Gelände, auf dem Wegstrecken angelegt werden, die den Hof oder die Weide umrunden. Entlang dieses Rundkurses befinden sich Futter- und Tränkeplätze. Eine Futterstelle kann beispielsweise ein Heunetz oder eine Heukiste sein. Heutonnen können z.B. auch an einem Baum befestigt sein, damit sich die Pferde aktiv bemühen müssen, an ihr Futter zu gelangen. Die Anbringung ist stabil, aber mit Sollbruchstellen, die dafür sorgen, dass die Befestigung unter Zug reißt. Auf diese Weise wird das Verletzungsrisiko verringert. Wasser wird in einiger **Entfernung zum Futter** angeboten, damit sich auch dieser Weg lohnt. Ein Paddock-Trail erfüllt die Ansprü-

PADDOCK-TRAIL

Vorteile
+ Natürliches Bewegungsverhalten wird gefördert.
+ Soziale Kontakte zu Artgenossen.
+ 24/7 Futter in kleinen Rationen verteilt.
+ Trennung von Fress-, Liege- und Bewegungsflächen.
+ Viele Außenreize, Abwechslung.

Nachteile
- Relativ hohe Anschaffungskosten.
- Hoher Arbeitsaufwand.
- Individuelle Fütterung und Medikamentengabe erschwert.
- Höhere Verletzungs- und Ansteckungsgefahr als in Einzelhaltung.

che an eine artgerechte Pferdehaltung in hohem Maß. Für den Betreiber ist es eine sehr arbeitsintensive Haltungsform, denn das Futter muss auf der Strecke verteilt werden. Um die **Verletzungsgefahr** zu verringern, die auf engem Raum in den Gassen entstehen kann, werden zum Ende der Wege Ausweichflächen vorgesehen, und unterwegs können natürliche Hindernisse wie Bäume oder Baumstämme für Abstand zwischen den Pferden sorgen.
Bei dieser Haltungsform sind die Gruppen überschaubar klein und müssen sehr genau beobachtet werden, da die Wege mit einer Breite von 3 bis 5 m relativ schmal sind.

Die Sorgfalt bei der Haltung

Wer sich für ein Pferd als Freizeitpartner entscheidet, übernimmt die Verantwortung für eine lange Zeit, denn es muss regelmäßig versorgt und beobachtet werden. Auch bei der reinen Weidehaltung werden die Pferde täglich **begutachtet**, um Gesundheitsprobleme möglichst frühzeitig zu entdecken und zu schauen, ob alles **in Ordnung** ist.
Damit Pferde sich nicht verletzen, gilt es, die Risiken in ihrem Lebensumfeld so klein wie möglich zu halten.
Durchgänge und Türen müssen breit genug sein, so dass Mensch und Tier sie gefahrlos passieren können. Stallgassen und Wege sollten so beschaffen sein, dass sie Pferden ausreichend Halt bieten, also aus rutschfestem Material bestehen. Auch die Wege im Außenbereich, Paddocks oder die Weiden sollten trittfesten und griffigen Untergrund bieten.
Die Zäune müssen regelmäßig **kontrolliert** und bei Bedarf repariert und erneuert werden. Bei einem Zaun mit Stromlitzen wird mit einem Strompüfer festgestellt, ob der Strom auch tatsächlich fließt und seine abschreckende Wirkung hat. Ein Pferdezaun ist nur dann sicher, wenn er als äußere Begrenzung deutlich wahrgenommen werden kann, also masssiv und stabil ist. Er muss in der Höhe und vom Material her sicher sein und darf kein Verletzungsrisiko darstellen. Das gleiche gilt in besonderem Maße für die Tore.

Die Sauberkeit im Umfeld

Das Umfeld jedes Stalles (egal welcher Haltungsform) muss sauber gehalten werden, denn auch Schmutz und Staub können auf unterschiedliche Art und Weise **Krankheiten** verursachen. Zu den regelmäßig **wiederkehrenden Aufgaben**, die im Zusammenhang mit der Pferdehaltung anfallen, gehören unter anderem:

- Abäppeln der Bewegungsflächen
- Reinigung und der Wechsel der Einstreu
- ein prüfender Blick auf mögliche Gefahren
- Zäune und Tore prüfen und instand halten
- Reinigen der Tröge, Tränken
- Fegen mit Rücksicht auf die Pferde

Um **Staub** und **Haare** vom Lebensraum der Pferde fernzuhalten, sollten sie in einem speziellen Bereich, einem Putzplatz, gebürstet werden. Wenn dieser Bereich ein **ruhiges Umfeld** bietet, kann sich das Pferd dort wohlfühlen und entspannt und ruhig stehen. Die gewohnte Umgebung bietet gleichzeitig ein sicheres Umfeld für eine Behandlung durch den **Tierarzt** oder den **Hufschmied**.

Die Fütterung

Wie zufrieden und leistungsbereit ein Pferd ist, hängt auch von der Fütterung ab, denn Futter liefert Energie und ist eine Voraussetzung für das Wohlergehen.

»Gut gekaut ist halb verdaut«, sagt man, und das trifft auch bei Pferden zu. Die **Struktur** des Futters und seine Zusammensetzung wirkt sich auf die **Verdauung** und damit auf die Umsetzung im Körper aus. Raufutter deckt quasi den Tisch für die Darmbakterien und sorgt für gute Verdauungsbedingungen. Die **Art und die Menge** an zusätzlichem Kraftfutter und Ergänzungsfutter wird für jedes Pferd einzeln ermittelt. Mengenangaben auf den Futtersäcken sind nur **Richtwerte**, denn Pferde verwerten Futter unterschiedlich. Manche Pferde, vor allem Ponys und Robustpferde, sind leichtfuttrig, das

KREUZE DIE FUTTERMITTEL PASSEND ZU IHRER GRUPPIERUNG FARBIG AN!

RAUFUTTER
SAFTFUTTER
KRAFTFUTTER
ERGÄNZUNGS-FUTTERMITTEL

bedeutet, sie werden schnell zu dick, während andere an Gewicht verlieren.
Man spricht in diesem Zusammenhang von guten und schlechten **Futterverwertern**. Pferde, die dieselbe Art und Menge an Futter erhalten, können sie unterschiedlich verwerten. Manche Pferde vertragen zum Beispiel Hafer sehr gut, andere werden davon deutlich lebhafter. Man sagt auch bei Menschen: »Den sticht der Hafer.«
Der **Rat von Experten** hilft, das richtige Futter in optimaler Zusammenstellung zu finden, denn das Angebot ist sehr groß. Pferdefütterung sollte mit Augenmaß erfolgen – das bedeutet, Veränderungen im Aussehen und im Verhalten können ihre Ursache in der Art und Menge haben. Ein Pferd, das sich auffällig verhält oder schlecht aussieht, kann unter- oder überversorgt sein.

BEISPIEL FÜR DIE TAGESRATION EINES PFERDES*

Kraftfutter (Das entspricht je nach Bedarf 0,5–1 kg/100 kg Pferd)	2,5 bis 5 kg Futter
Wasser	40 bis 70 l
Raufutter	7,5 kg Heu, In Maßen Futterstroh, da sonst die Gefahr einer Verstopfungskolik besteht.

Bei Bedarf ergänzend Mineralfutter.

* Unter Berücksichtigung der Einflussfaktoren, s.u., für ein 500 kg schweres Pferd.

BEACHTENSWERT BEI DER FÜTTERUNG

- Die Pferdefütterung erfordert Fachkenntnisse und viel Erfahrung. Die falsche Zusammensetzung – zu viel oder zu wenig – schadet dem Pferd.
- Das Futter muss von guter Qualität sein.
- Kleine Portionen über den Tag verteilt.
- Raufutter vor Krippenfutter füttern.
- Ruhe während der Fütterung und mindestens 1 Std. danach einhalten.
- Regelmäßig zu gleichen Zeiten füttern.
- Auf die korrekte Zubereitung achten!

Beispiele:
Mash wird gewöhnlich warm verfüttert, **Rübenschnitzel** müssen 24 Stunden lang eingeweicht werden. Zubereitung entsprechend der Herstellerangaben!

Faktoren, die die Wahl des Futters und die Zusammenstellung beeinflussen:

- Beanspruchung
- Haltungsform
- Jahreszeit und Witterung
- Alter und Verfassung
- Rasse und Temperament
- Tatsächliche Verwertung im Körper

Pferde sind heutzutage eher zu dick als zu dünn. Ein Grund für das Übergewicht kann zu wenig Bewegung sein. Ein weiterer Grund für **Übergewicht** kann eine unausgewogene Zusammenstellung des Futters sein. Die Futterration muss dem Bedarf des Pferdes angepasst werden. Eine Erkrankung des Pferdes hat zum Beispiel auch Einfluss auf dessen Fütterung.

Veränderungen, zum Beispiel von der Weide- zur Winterfütterung, müssen möglichst behutsam erfolgen, denn viele Pferde reagieren empfindlich auf eine **Futterumstellung**.

Die Futtermittel

Futtermittel werden zunächst in drei große Bereiche eingeteilt: Raufutter, Saftfutter und Kraftfutter. Das sind die drei Säulen der Pferdefütterung. Mineralfutter und Spezialfutter (pflanzliche Öle, Salzleckstein) ergänzen die Speisekarte der Pferde.

Zum **Raufutter** gehören **Heu** und in geringeren Mengen Futterstroh (Hafer-/Weizenstroh). Gutes Heu riecht aromatisch und ist hellgrün in der Farbe. Es gilt als das ideale Grundfutter für die Versorgung unserer Pferde und kann, sofern es gut vertragen wird, frei zur Verfügung gestellt werden. Die in Heu und Futterstroh enthaltenen Ballaststoffe sind für die Verdauung wichtig. Und neben der Grundversorgung mit Futter sind Pferde längere Zeit beschäftigt, wenn sie Raufutter mit den Zähnen zermahlen.

Futter muss von guter Qualität sein und die Menge und die Inhaltsstoffe werden dem Bedarf eines Pferdes genau angepasst, damit es gesund bleibt.

Kraftfutter liefert dem Pferd – wie der Name sagt – Kraft, es dient als Energielieferant. Wir unterscheiden die verschiedenen Sorten in Einzelfutter und Mischfutter.

Getreidefutter wird dem Einzelfutter zugeordnet. Mischfutter wird in Form von Müsli oder Pellets als Ergänzung oder Alleinfutter gefüttert.

Die Mineralfutter

Neben der Energie sind die **Nährstoffe** bei der Fütterung für den Erhalt der Körperfunktionen und der Gesundheit ausschlaggebend. Eine Unter- oder Überversorgung mit Nährstoffen belastet den Pferdekörper. Eine Blutuntersuchung gibt genaue Auskunft, ob ein Pferd mangelhaft oder ausreichend versorgt ist. Im Bedarfsfall werden Mineralien gezielt in **angemessener Menge** hinzugefüttert.

Die Weide

Auf der Weide frisst ein Pferd in seiner natürlichen Fresshaltung. In Bodennähe mit gesenktem Hals nimmt es Gras auf. Gras enthält Nährstoffe und Rohfaser. Manche Pferde werden ganzjährig auf einer Weide gehalten. Zu Beginn der Weidesaison, im Frühjahr, ist der Energie- und Eiweißgehalt im Gras oft sehr hoch. Nach dem Winter, in dem die meisten Pferde mit Heu, Stroh und Krippenfutter versorgt werden, muss sich der Verdauungsapparat erst auf die Weidesaison einstellen.

Damit Pferde keine gesundheitlichen Probleme durch die Futterumstellung auf das energiereiche, saftige Gras bekommen, werden sie langsam daran gewöhnt – sie werden **angeweidet**. Das bedeutet, die Weidezeit wird nach und nach von Minuten, zu einer Stunde und mehr verlängert.

Die Futtervorlage

Pferde sollten **regelmäßig** und zu **festgelegten Zeiten** gefüttert werden. Während und nach der Fütterung erleichtert Ruhe im Stall die entspannte Verdauung des Futters. Um die Portionen über den Tag zu verteilen, wird in vielen Ställen dreimal täglich gefüttert. Wenn es gelingt, das Raufutter vor dem Krippenfutter vorzulegen, dann wirkt sich das positiv auf die Verdauung aus.
Raufutter wird **vom Boden**, in Bodennähe oder über Raufen bzw. Heunetze verfüttert. Heu kann Pferden nahezu 24 Stunden lang zur Verfügung gestellt werden. Um die Aufnahme zu begrenzen und zu verlängern, werden geeignete Heuspender, wie Heunetze, Raufen, Heukisten oder Spender mit Zeitschaltuhr eingesetzt. Die **Verletzungsgefahr** bei unsachgemäß angebrachten Futterspendern für Raufutter ist groß. Um Unfälle zu vermeiden, sollten sie entsprechend der Herstellerangaben befestigt werden. Die Pferde müssen anfangs beobachtet werden, denn manche neigen dazu, neugierig alles zu erforschen und sich dabei dann im schlimmsten Fall zu verletzen.
Saftfutter und Kraftfutter gelten als **Krippenfutter**. Es wird im Trog – der Krippe – verfüttert. Pferdetröge dürfen keine scharfen Ecken und Kanten haben und müssen leicht zu reinigen sein. Um der natürlichen **Fresshaltung** entgegenzukommen, werden sie der Statur der Pferde entsprechend in Bughöhe angebracht.

Das Wasser

Pferde sollten **immer** mit Wasser in ausreichender Menge versorgt werden. Die Versorgung erfolgt am einfachsten durch **Selbsttränken**, alternativ werden sichere Tränkebehälter benutzt. Ein gesundes Pferd trinkt täglich 40 bis 70 Liter Wasser je nach Bedingung (Leistung, Außentemperatur etc.). Wenn Pferde nicht genug trinken, werden sie unruhig und krank.

Heu ist das Futtermittel Nr. 1 für Pferde. Bei Pferden mit Atembeschwerden wird Heu in Wasser eingeweicht und dann verfüttert.

Wasser muss in jeder Haltungsform immer und in guter Qualität zur Verfügung stehen. Im Winter müssen Tränken vor Frost geschützt werden.

GIFTIGE PFLANZEN

Manche Zier- und Wildpflanzen sind für Pferde giftig – unter Umständen reichen schon kleine Mengen. Wer häufig vorkommende Giftpflanzen kennt, kann sein Pferd schützen.

Pferde haben von Natur aus ein Gespür für giftige Pflanzen, denn sie schmecken häufig bitter oder sondern einen speziellen Geruch ab. Doch darauf ist kein Verlass. Auf Weiden müssen Giftpflanzen daher im Rahmen der Weidepflege entfernt werden.

Manche Pflanzen sind auch noch in Silage oder Heu giftig – also im gegorenem oder trockenem Zustand. Unterwegs im Gelände sollten Pferde zur Sicherheit **keine unbekannten Pflanzen** fressen.

Hat das Pferd eine unbekannte Pflanze gefressen oder besteht der Verdacht auf eine Giftpflanze, sollte auf jeden Fall ein Exemplar davon **mitgenommen werden**, um es dem Tierarzt bei Bedarf zeigen zu können.

Das veränderte Verhalten, das auf eine Vergiftung schließen lässt, stellt sich manchmal direkt ein, aber durchaus auch erst Stunden später.

Da Pferde sich nicht übergeben können, ist es schwierig, einmal Gefressenes wieder aus ihnen herauszubekommen. Bei Verdacht auf eine Vergiftung ist sofort der Tierarzt zu rufen. Trinken darf das Pferd bis zum Eintreffen, jedoch **nicht fressen**. Es sollte geführt werden, um eine Kolik zu vermeiden. Der Tierarzt entleert bei entsprechender Diagnose den Magen, verabreicht Aktivkohle und ergreift notwendige Behandlungsmaßnahmen.

Typische Symptome einer Vergiftung
- Apathie
- Atemnot
- Durchfall
- Krämpfe
- Kolik
- Lähmungserscheinungen
- Schwitzen
- Unruhe

Im Anschluss sind einige häufig vorkommende Giftpflanzen in alphabetischer Reihenfolge aufgeführt.

ADLERFARN (Pteridium aquilinum)

Vorkommen: Waldränder, lichte Wälder, vernachlässigte Weiden
Giftige Pflanzenteile: gesamte Pflanze (auch getrocknet im Heu)
Symptome: Motorische Störungen, blutiger Durchfall, Nierenschäden, blutiger Urin

BUCHSBAUM (Buxus sempervirens)

Vorkommen: Gärten und Parks als Hecke oder Zierstrauch
Giftige Pflanzenteile: gesamte Pflanze (vor allem Blätter, Rinde und Früchte)
Symptome: Bewegungsstörungen, Benommenheit, Krämpfe, starker Durchfall, Kolik, Tod durch Herz- und Atemstillstand

EIBE (Taxus baccata)

Vorkommen: Laubmischwälder, Gärten und Parkanlagen
Giftige Pflanzenteile: gesamte Pflanze (bis auf den Samenmantel), vor allem die Nadeln (tödliche Dosis 100–200 g)
Symptome: Kolik, starker Speichelfluss, Zittern, Schwäche, Tod durch Atem- und Herzlähmung

EISENHUT, BLAUER (Aconitum napellus)

Vorkommen: Feuchte Weiden, Bachufer, höhere Berglagen, Gärten
Giftige Pflanzenteile: gesamte Pflanze, besonders Wurzelknollen und Samen
Symptome: Unruhe, Durchfall, Krämpfe, Lähmungen, Herzrhythmusstörungen, Tod durch Atemlähmung oder Kreislaufversagen

FINGERHUT (Digitalis spec.)

Vorkommen: auf Hängen in der Sonne, Waldlichtungen, in Gärten
Giftige Pflanzenteile: gesamte Pflanze (auch getrocknet)
Symptome: Benommenheit, Schwitzen, Zittern, Blut im Urin, wässriger Durchfall, Tod durch Herzstillstand

GOLDREGEN (Laburnum anagyroides)

Vorkommen: Gärten und Parks
Giftige Pflanzenteile: gesamte Pflanze (auch getrocknet), höchste Konzentration im Spätherbst in ausgereiften Samen
Symptome: Erregung, Schweißausbruch, Zittern, Hypertonie, später Lähmungen, Krämpfe, Kolik, Tod durch Atemstillstand

HERBSTZEITLOSE (Colchicum autumnale)

Vorkommen: Feuchte Wiesen und Weiden, Auenwälder, Gärten
Giftige Pflanzenteile: gesamte Pflanze, (auch getrocknet)
Symptome: Kreislaufstörungen, vermehrtes Speicheln, blutiger Harn oder Koliken mit blutigem Durchfall, Tod durch Atemlähmung

JAKOBSKREUZKRAUT (Senecio jacobea)

Vorkommen: Wegränder, Äcker, Bahndämme und Weiden
Giftige Pflanzenteile: gesamte Pflanze (auch in Heu und Silage)
Symptome: Puls und Atmung beschleunigt, Kolik, Krämpfe, Leberschädigung bis zum Tod durch Leberversagen

KIRSCHLOBEER (Laurocerasus officinalis)

Vorkommen: Gärten und Parkanlagen häufig als Hecke
Giftige Pflanzenteile: Blätter, Blüten, Samen
Symptome: Speicheln, Verfärbung der Schleimhäute von hellrot bis bläulich, Krämpfe, Taumeln, beschleunigte Atmung, Tod durch Atemlähmung

SCHWARZE TOLLKIRSCHE (Atropa belladonna)

Vorkommen: Bergwälder, lichte Laubwälder, Ränder von Waldwegen
Giftige Pflanzenteile: Pflanze und Beeren
Symptome: Erregung/Benommenheit, Durst, trockene Schleimhäute, große Pupillen, Herzrasen, Krämpfe, Tod durch Atemlähmung

RHODODENDRON (Rhododendron sp.)

Vorkommen: Gärten, Parkanlagen
Giftige Pflanzenteile: gesamte Pflanze
Symptome: Kolik, Durchfall/Verstopfung, Magen- und Darmentzündung, verstärkter Speichelfluss, beschleunigte Atmung, Tod durch Atemlähmung

Suche, finde und benenne giftige Pflanzen in Deiner Umgebung:

Pflanze	Fundort

Die Gesundheitsvorsorge

Für Pferde ist – ähnlich wie für uns Menschen – die Gesundheitsvorsorge wichtig. Es gibt vorbeugende Maßnahmen, die das Wohlbefinden auf lange Sicht unterstützen und erhalten können, denn »Vorbeugen ist besser als Heilen«.

Die Pflege umfasst außer regelmäßigen Kontrollen von **Zähnen** und **Hufen** auch **Impfungen** und **Wurmkuren**.

VORSORGEMASSNAHMEN

ZAHNKONTROLLE
- regelmäßig durch einen Tierarzt, der Folgetermine mitteilt

HUFPFLEGE
- regelmäßige Überprüfung und Pflege
- Pflege/Korrektur durch einen Schmied Barhufer: 4 bis 12 Wochen* Beschlagene Pferde: 6 bis 8 Wochen* * bei Problemhuf(en) angepasste Intervalle in Rücksprache mit dem Schmied

IMPFSCHUTZ
- regelmäßig durch einen Tierarzt (ratsam: Influenza und Tetanus)

WURMBEFALL VERMEIDEN
- in Absprache mit einemTierarzt entwurmen, regelmäßige Kontrolle
- die Bewegungsflächen sauber halten

WEITERE MASSNAHMEN
- Sauberkeit und Hygiene einhalten
- für eine ausgewogene und bedarfsgerechte Fütterung sorgen
- eine optimale Haltungsform bieten
- für ausreichend Bewegung sorgen
- für ein sicheres Umfeld sorgen

Die Kontrolle der Zähne

Ein gesundes **Pferd hat 36 bis 44 Zähne**, die sich über den Ober- und den Unterkiefer verteilen: Es sind jeweils 12 Schneidezähne und 24 Backenzähne. Abhängig von der Anzahl an Hengst- oder Eckzähnen sowie Wolfszähnen kommen 0 bis 4, also maximal 8 Zähne hinzu. Anhand der Form der Zähne kann man das Alter eines Pferdes abschätzen.

Im Alter zwischen zweieinhalb und viereinhalb Jahren wechseln Pferde die Milchzähne. Ein Pferdezahn wächst sozusagen nach – er schlummert vollständig ausgebildet im Kiefer.

Die Zähne von domestizierten Pferde nutzen sich oft nicht ausreichend ab und müssen deshalb korrigiert werden. Da die Kauflächen nicht immer genau aufeinandertreffen, nutzen sich die Zähne bei den Kaubewegungen außerdem ungleichmäßig ab, sodass sich scharfe Kanten und Haken bilden. Das kann Verletzungen im Maul verursachen oder zu Fressstörungen führen.

Zwischen Schneidezähnen und den Backenzähnen befindet sich eine zahnfreie Lücke, in der das Trensengebiss liegen kann. Schwierigkeiten im Umgang, wenn ein Pferd auffällig auf ein Mundstück reagiert, sind manchmal auf Zahnprobleme zurückzuführen.

Durch einen Hufschmied werden die Hufe regelmäßig fachkundig in Form gebracht.

Insbesondere bei älteren Pferden können schlechte Zähne auch zu Schlundverstopfungen führen. Regelmäßig sollte eine Zahnbeurteilung und -korrektur durch einen Tierarzt erfolgen. Hinweise für akute Zahnprobleme sind unter anderem übler Geruch aus dem Maul, kleine Heuknäuel, die im Fressbereich liegen, Futter, das beim Kauen aus dem Maul fällt, oder auffallend viele, ganze Körner unzerkaut im Kot.

Die Kontrolle der Hufe

Damit ein Pferd gut und gesund auf seinen Hufen laufen kann, müssen sie in Form und Zustand das korrekte Abhufen ermöglichen – ähnlich wie bei Menschen die Schuhe. Die Fütterung, die Haltung und die Bewegung beeinflussen das Hornwachstum. Bewegung sorgt für die Durchblutung der Hufe, die wiederum die Hornqualität beeinflusst.

Gesunde Hufe sollten in Intervallen von sechs bis acht Wochen durch einen Hufschmied fachmännisch begutachtet und gepflegt werden. Trägt ein Pferd Hufeisen, dann gehört zur täglichen Kontrolle zu prüfen, ob sie noch fest sitzen. Ein locker sitzendes Eisen muss durch den Schmied korrigiert werden. Auch ein verlorenes Eisen muss zeitnah wieder angelegt werden, denn die Hufwand kann ansonsten beschädigt werden.

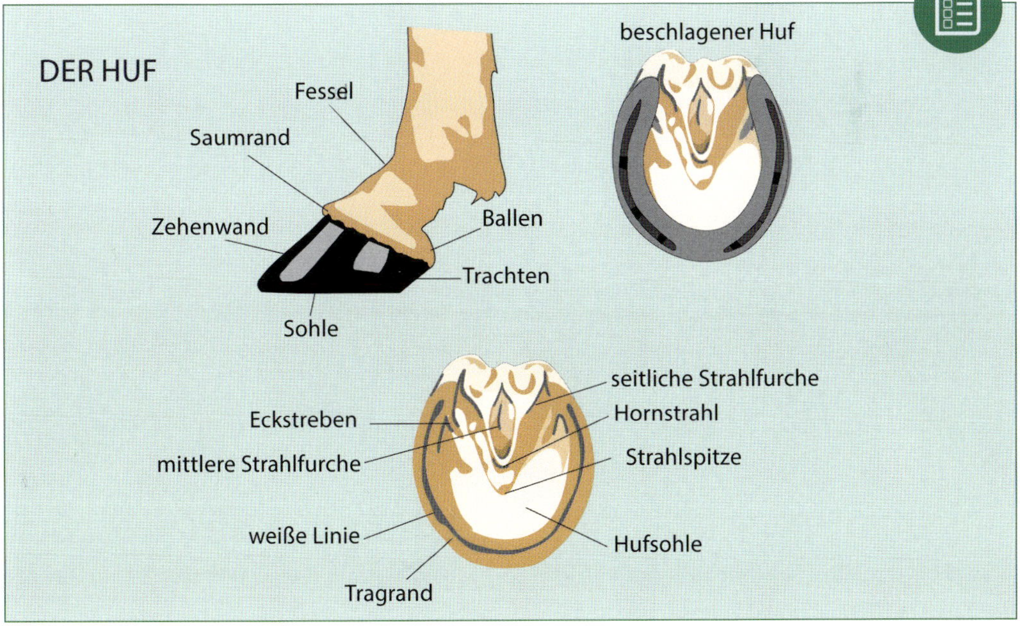

Der Impfschutz

Auch bei Pferden kann durch Impfungen die mögliche Ausbreitung von Krankheiten verringert werden.

Der Impfschutz gegen **Tetanus und Influenza** ist unverzichtbar und dringend empfohlen. Der Schutz gegen Influenza ist für Turnierpferde laut **LPO** (Leistungsprüfungsordnung) sogar **halbjährig** vorgeschrieben. Eine Impfung gegen Herpesviren sollte im Einzelfall ebenso mit dem Tierarzt abgestimmt werden wie der gesamte **Impfplan**.

In gefährdeten Gebieten können Pferde außerdem gegen Tollwut geimpft werden. Deutschland gilt seit 2008 als tollwutfrei (bei Fledermäusen treten noch Fälle auf). Jeder Impfschutz macht nur dann Sinn, wenn er entsprechend den Vorgaben für die Grundimmunisierung und durch die **regelmäßige Auffrischung** erhalten bleibt.

Zum Schutz vor Wurmbefall

Würmer gelangen auf unterschiedliche Art und Weise in den Pferdekörper. Ein gutes-**Gegenmittel** ist das direkte **Abäppeln** der Weiden und Bewegungsflächen. Denn auch über Pferdekot verbreiten sich Würmer innerhalb eines Pferdebestandes. Die kleinen gelben Eier der Dasselfliege, die manchmal am Pferdebein zu finden sind, können vorbeugend abgezupft werden.

Wurmbefall gefährdet die Gesundheit eines Pferdes stark, deshalb muss er regelmäßg tierärztlich kontrolliert werden, um bei Bedarf zu reagieren.

Pferdewürmer haben sich im Laufe der Jahre an Medikamente »gewöhnt«, die sie eigentlich vernichten sollten. Es ist erwiesen, dass sie mehr und mehr »resistent« gegen Wirkstoffe werden. Geeignete Maßnahmen dagegen werden mit einem Tierarzt geklärt.

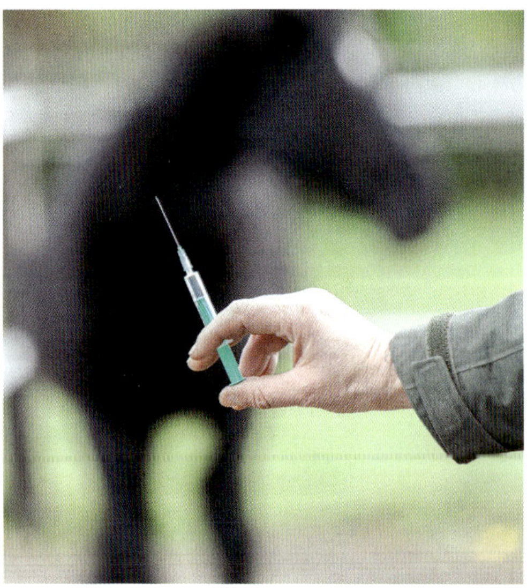

Notwendige Impfungen sowie der Impfplan werden mit dem Tierarzt abgestimmt.

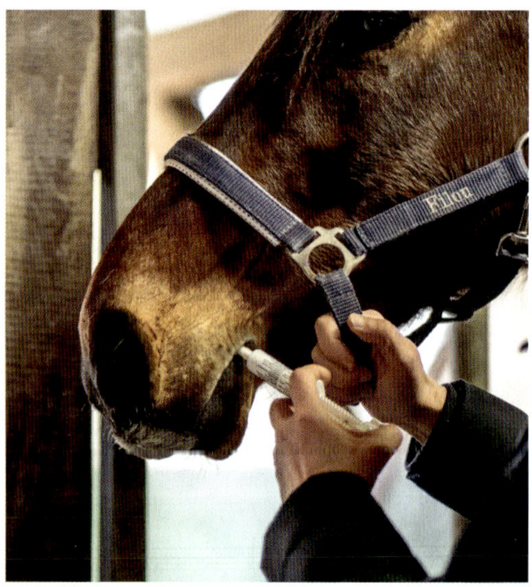

Die Wurmkur wird in eingesteller Menge seitlich, am Ende der Maulspalte auf die Zunge gespritzt.

BEISPIEL FÜR EINE STRATEGISCHE ENTWURMUNG*

3 BIS 4 MAL IM LAUFE EINES JAHRES

Vor der Weidesaison
April/Mai (Rundwürmer)

Während der Weidesaison
Bei Jungpferden evtl. Juni/Juli/August (Rundwürmer)

Vor dem Aufstallen bzw. nach der Weidesaison
September/Oktober (Rund- und Bandwürmer)

Im Winter
November/Dezember (Magendasseln, Rund- und Bandwürmer)

** die Planung erfolgt mit einem Tierarzt*

Strategisch entwurmen

Eine Möglichkeit, den Wurmbefall zu verringern, ist die Entwurmung nach Plan. Bei dieser Methode wird ein Pferd mehrmals im Laufe eines Jahres entwurmt. Viele Ställe gehen so vor und planen mit ihrem Tierarzt den optimalen Zeitpunkt und das jeweils passende Präparat, das je nach Wirkstoff und Wurmart vom Tierarzt vorgeschlagen wird.

Selektiv entwurmen

Alternativ gibt es die Möglichkeit nur zu entwurmen, wenn über eine Kotprobe Wurmbefall nachgewiesen wird. Ein Risiko bei dieser Vorgehensweise kann sein, dass Eier nicht entdeckt werden, weil sie nicht gleichmäßig im Kot verteilt sind oder nicht auf alle Arten geprüft wurde. Zeitpunkt und Anzahl der Kotproben wird wieder mit einem Tierarzt geplant. Bei festgestelltem Befall mit Bandwürmern wird der gesamte Bestand entwurmt.

AUFNAHME VON PARASITEN

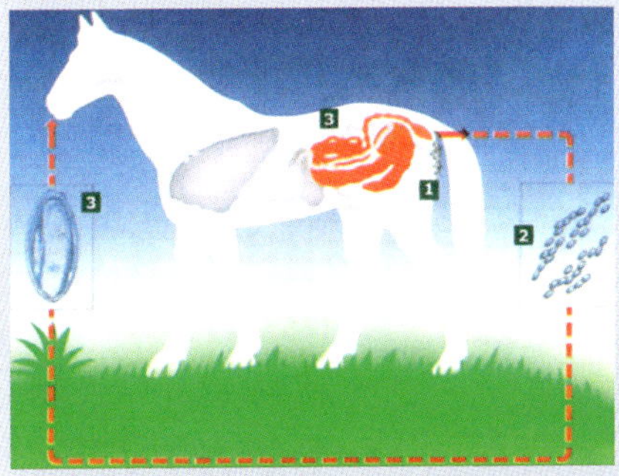

Der Pfriemschwanz und Palisadenwürmer. Aufnahme über Gras, Boden oder Stall.

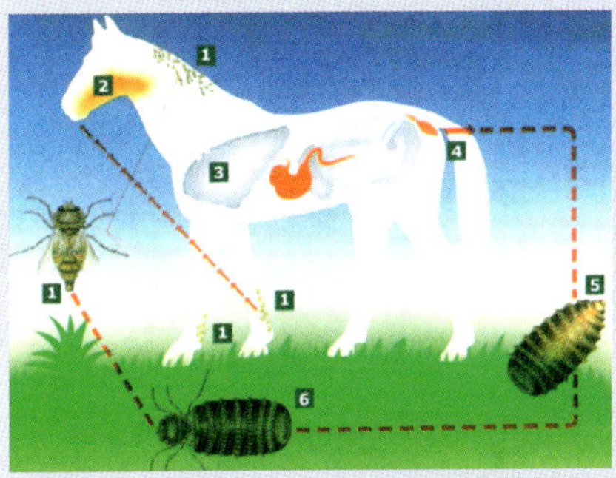

Eier der Magendassel werden vom Pferd abgeleckt, wenn sie am Bein haften.

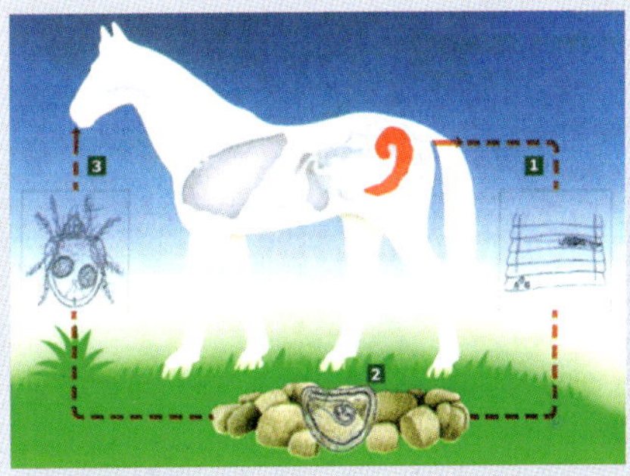

Der Bandwurm wird vom Pferd über Kot aufgenommen und mit ihm die Moosmilbe.

Puls - Atmung - Temperatur

PAT-Werte, also Angaben über Puls, Atmung und Temperatur, liefern Hinweise auf den Gesundheitszustand und lassen Rückschlüsse auf den Trainingszustand zu.

Die Pulswellen

Das Herz eines Pferdes schlägt in Ruhe **28 bis 40 mal pro Minute.** Wir sprechen von Pulswellen, die durch den Pferdekörper fließen und Herzschlägen, die diese Wellen verursachen. Auch der Herzmuskel verändert sich – wie jeder Muskel des Körpers – durch Training. Bei körperlicher Anstrengung schlägt ein Herz schnellers und im Anschluss muss es sich rasch erholen. Innerhalb von 15 Minuten sollte sich der Puls normalisieren. Nur ein gut trainiertes, gesundes Herz versorgt den Pferdekörper ausreichend mit Sauerstoff.

Die Pulswellen sind mit etwas Übung gut in der Nähe des Unterkieferastes **unterhalb der Ganasche** zu fühlen, weil dort eine große Arterie verläuft. Der menschliche Daumen hat einen eigenen Puls, deshalb wird mit fest angedrücktem Mittel- und Zeigefinger gemessen.

Sehr genau werden **Herzschläge** mit einem Stethoskop abgehört. Es wird auf der linken Seite am Brustkorb hinter dem Vorderbein auf Höhe der Ellbogenspitze angelegt. In beiden Fällen zählt man 15 Sekunden lang die Schläge und multipliziert das Ergebnis mit vier.

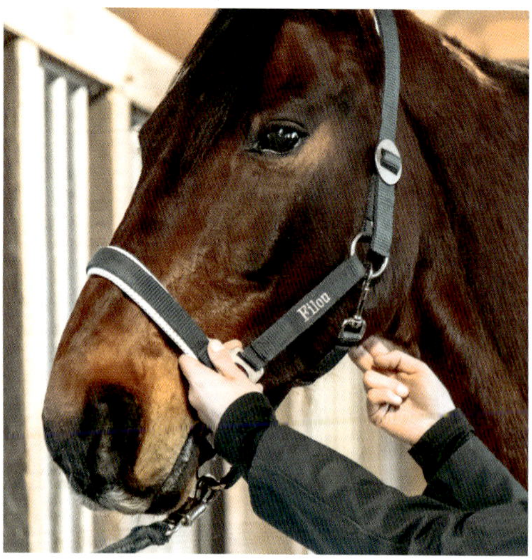

Der Puls wird mit Zeige- und Mittelfinger am Unterkiefer gemessen.

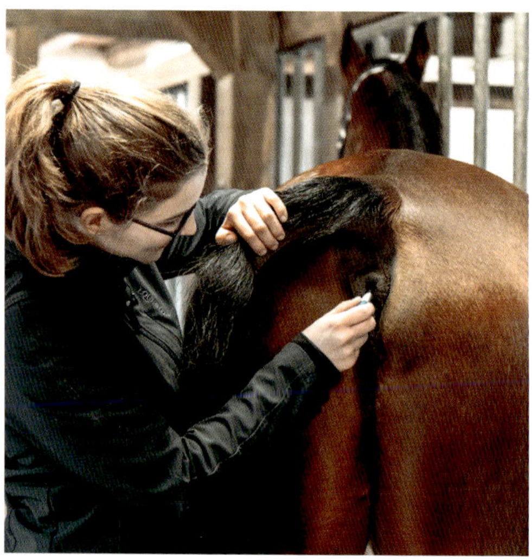

Mit dem gut festgehaltenen Fieberthermometer wird eine Minute lang die Temperatur gemessen.

Die Atemzüge

Ein Pferd **atmet in Ruhe 8 bis 16** mal pro Minute. Schnelle Atmung ist besonders deutlich nach Anstrengung an den **Bewegungen** im **Bereich des Rumpfe**s und an weiter aufgestellten Nüstern erkennbar. Auch für die Atmung gilt, dass sie sich nach Anstrengung schnell wieder erholen sollte. Um das **Ausatmen** zu **spüren**, kann eine Hand vor die Nüstern gehalten werden.

Ein ganzer Atemzug setzt sich aus Einatmung und Ausatmung zusammen. Gezählt wird in einem begrenzten Zeitraum von 30 Sekunden und das Ergebnis dann mit zwei multipliziert, um auf den Wert für eine Minute zu gelangen. **Wie ein Pferd atmet**, ob eher über die Brust- oder Bauchatmung oder mit einem hörbaren Geräusch, lässt Rückschlüsse auf mögliche Atemprobleme zu.

Die Temperaturwerte

Die **normale Körpertemperatur** eines Pferdes liegt **zwischen 37,5 und 38,2 °C.** Fieber selbst ist keine Krankheit, sondern der Hinweis auf eine solche – ein **Symptom**. Es zeigt an, dass die Immunabwehr des Körpers arbeitet, um zum Beispiel Krankheitserreger zu bekämpfen. Auch Hitzschlag, Allergien oder Überbelastung erhöhen die Körpertemperatur.

Ab 38,2 bis 39 °C spricht man von **erhöhter Temperatur** und darüber von **Fieber**. Wenn die Körpertemperatur zu hoch ist, kann es dazu kommen, dass Körpereiweiße geschädigt werden und sie ihre Funktionsfähigkeit verlieren. Wer sein Pferd immer gut beobachet, kann an seinem veränderten Verhalten erkennen, dass etwas nicht in Ordnung ist.

Mögliche Anzeichen für Fieber
bzw. für erhöhte Temperatur

- Appetitlosigkeit/wenig trinken
- Teilnahmslosigkeit (Apathie)
- Bewegungsunlust und Leistungsabfall
- untypischer Schweißausbruch

Sobald der Verdacht besteht, dass es sich um Fieber handeln könnte, wird die Temperatur gemessen. Ein Tierarzt hinterfragt die Temperatur häufig, wenn er angerufen wird, denn sie ist ein wichtiger **Hinweis auf mögliche Krankheiten**.

Messen der Temperatur

Die Temperatur wird mit einem Thermometer rektal gemessen. Aus einer **sicheren Position** seitlich hinter dem Pferd, wird der Schweif an der Schweifrübe angehoben. Damit das Thermometer besser gleitet, wird es angefeuchtet oder mit Vaseline eingerieben. Es wird so weit in den After eingeführt, dass es noch gut gehalten werden kann (es berührt die Darmwand). Um einen aussagekräftigen Wert zu erhalten, wird für die Dauer von einer Minute oder **bis zu einem Piepton** gemessen.

Es ist sehr wichtig, das Thermometer während der Messung gut festzuhalten, denn sonst kann es in den Darm flutschen oder es wird vom Pferd wieder herausgedrückt. Im Anschluss an die Messung wird das Thermometer für den nächsten Einsatz gereinigt. Im Fall von hohem Fieber (oder erhöhter Temperatur über mehrere Tage) muss ein Tierarzt sich den Patienten ansehen. Die **Ursache** für die erhöhte Temperatur **muss gefunden** und **behandelt** werden. Ein fiebriges Pferd braucht Ruhe.

Verhalten in der Not

Die Verletzungsgefahr von Pferden untereinander und Menschen im Umgang mit ihnen ist groß. Wichtig ist in der jeweiligen Situation, überlegt zu reagieren und Hilfe herbeizuholen.

Auf Notsituationen im Stallbereich sollte man sich sehr gut **vorbereiten**. Zunächst stellt sich die Frage nach dem **Erste-Hilfe-Koffer** und der **Stallapotheke**. Man muss wissen, wo sich das notwendige **Material für eine Erstversorgung** befindet, um es jederzeit schnell einsetzen zu können.

Die korrekte Verwendung der Mittel ist der zweite Teil, mit dem man sich frühzeitig beschäftigen muss. Ähnlich wie **Erste-Hilfe-Kurse für Menschen** werden **Erste-Hilfe-Kurse für Pferde** zum Beispiel durch Tierärzte angeboten. Die Teilnahme macht Sinn, um bei Verletzungen und Krankheitsanzeichen angemessen reagieren zu können.

Vorbereitung auf Notsitutationen

Um im Notfall schnell Hilfe leisten zu können, sollten die **wichtigsten Telefon-Nummern** für Rettungsdienst, Feuerwehr, Tierarzt, Hufschmied und Stallbetreiber immer griffbereit sein.

Für Auskünfte über ein Pferd in seiner Obhut hat ein Stallbetreiber Informationen aus dem Equidenpass zur Hand. Wichtige **Entscheidungen** für Notsituationen sollten mit ihm besprochen werden. Es ist gut, wenn im Vorfeld geprüft wird, wo sich die nächste Klinik befindet, wie der kürzeste Weg dorthin verläuft und wie ein zügiger Transport erfolgen kann.

NOTFÄLLE ERKENNEN

Einige Symptome, bei denen umgehend ein Tierarzt gerufen werden sollte:

- Atemnot
- starke Blutungen
- blasse Schleimhäute
- Über- bzw. Untertemperatur
- Apathie, Zittern, Krämpfe
- starke Lahmheit
- aufgeblähter Bauch
- starker Durchfall
- fehlender Harnabsatz
- Verletzungen am Auge (Hornhaut, Augenlid)

Mögliche Ursachen sind Verletzungen, Erkrankungen oder Vergiftungen, die nicht für Laien einzuschätzen sind.

Besteht der Verdacht, dass sich ein Pferd in Not befindet, muss unverzüglich Hilfe geholt oder geleistet werden. In kritischen Situationen wird zunächst die **Gefahrenquelle beseitigt**. Jede Notsituation ist mit Unterstützung durch eine erfahrene Person immer besser zu meistern. Also macht es Sinn, sich auf jeden Fall **Hilfe im direkten Umfeld** zu holen, jemand, der Erfahrung im Umgang mit Pferden hat.

Den Notfall melden

Passend zu jedem Pferd im Stallbetrieb sollten die Kontaktdaten für andere sichtbar und **schnell im Zugriff** sein. Sie könnten einlaminiert an der Box oder dem Sattelschrank aushängen. Wird ein Pferd in einem Pensionsstall betreut, hat der Stallbetreiber in der Regel eine Liste mit den Nummern der Pferdebesitzer und ggf. weiteren Personen, die im Notfall zu verständigen sind, zur Hand.

DIE NOTFALLMELDUNG

Weil man unter Stress steht in der Not, helfen Fragen, nichts zu vergessen.

WER RUFT AN, FÜR WEN?

- Name des Anrufers und Name des Pferdebesitzers.

WORUM GEHT ES?

- Name des Pferdes und Informationen über dessen Zustand.

WO IST DER STANDORT DES GESCHEHENS?

- Standort des Pferdes (Name und Adresse der Stallung oder genaue Lage der Weide bzw. des Unfallortes)

WEN KANN MAN ZURÜCKRUFEN?

- Eine Telefonnummer hinterlassen

WAS SONST...? WARTEN AUF RÜCKFRAGEN

- Sind Hilfsmittel für eine Bergung notwendig, wird die Feuerwehr informiert.

Blutende Wunden

Erste Hilfe bei einem Pferd bedeutet, dass der Patient nicht weiß, dass ihm geholfen wird. Wer also versucht, einen Verband anzulegen, begibt sich in die **Gefahr,** durch ein unruhiges Pferd selbst verletzt zu werden.
Ein Pferd verblutet nicht so schnell, wie manche stark blutende Wunde im ersten Schreckmoment vermuten lässt. Die Natur schützt den Körper vor dem Verbluten durch die **Blutgerinnung** und dadurch, dass sich durchtrennte Blutgefäße zusammenziehen.
Je nachdem, wie das Blut fließt (tröpfelnd, pulsierend, sprudelnd), kann man Rückschlüsse auf den möglichen **Grad der Verletzung** ziehen. Durchtrennte Haut, auch kleine Wunden in Gelenknähe, ein mehr als wenige Minuten andauernder Blutstrom, pulsierende Wunden oder die Versorgung älterer, eitriger Wunden sind ein Fall für den Tierarzt.
Ein verletztes Pferd muss **ruhiggestellt** werden, und die **Wunde(n)** werden im Rahmen der vorhandenen Möglichkeiten **geschützt**. Vor dem Eintreffen des Tierarztes wird auf keinen Fall Wundspray oder Salbe aufgetragen, denn dadurch wird die Wunde für den Tierarzt schwieriger zu beurteilen, die Behandlung erschwert, und der Heilungsprozess kann negativ beeinflusst werden. Das Pferd wird solange **beobachtet**, bis der Tierarzt vor Ort eintrifft.

Einen Verband anlegen

Das Anlegen eines Verbandes ist nicht einfach. Er darf weder zu locker noch zu stramm angelegt werden, damit er nicht mehr Schaden verursacht, als Nutzen bringt.

Eine **helfende Person** hält das Pferd am besten auf der verletzten Seite fest. Wenn ein Hinterbein betroffen ist, kann der Helfer das gleichseitige Vorderbein anheben, um zu versuchen, das Pferd auf diese Weise ruhigzustellen.

Drei Schichten eines Verbandes

- Primärschicht
- Polsterschicht
- Äußere Schutzschicht

Die Primärschicht liegt auf der Wunde. Welche Wundauflage gewählt wird, richtet sich nach der zu behandelnden Wunde und nach dem, was in der Notsituation vorhanden ist. Auf jeden Fall darf kein Material verwendet werden, das durch die Feuchtigkeit in der Wunde zerfasert, denn es könnte sich festsetzen und verkleben.

Das **Material** für einen Verband sollte man sich zurechtlegen und vorbereiten, damit es beim Anlegen nicht zu Unterbrechungen kommt. Beispielsweise werden die Anfänge der Wickeln abgerollt, um sie direkt verwenden zu können, und Klebestreifen vorher zurechtgeschnitten.

Materialien für einen Verband

- Wundauflage zur Wundabdeckung mit Gazebinde zum Fixieren
- Watte mit Gaze zur Polsterung
- Binde für die äußere Schutzschicht

Ein trockener Verband

Bei einem **trockenen Verband** wird zuerst eine saubere Auflage auf die Wunde gelegt und zum Beispiel mit einer Gazebinde fixiert. Wie **beim Bandagieren** wird eine Wickel mit der flachen Seite um das Bein nicht zu stramm angelegt.

Anschließend wird die Primärschicht mit Watte umwickelt und auf diese Weise **gepolstert**. Zum Schluss wird ein **schützender Verband** (das kann eine Bandage sein) angelegt. Je nachdem, welcher Bereich am Körper verletzt ist, wird es schwierig, einen Verband so anzulegen, dass er sicher hält. Auch solche Verbände sind im Rahmen eines Erste-Hilfe-Kurses zu erlernen.

Ein Druckverband

Bei einer **anhaltenden Blutung** soll durch Druck auf die Austrittstelle der Blutstrom gestoppt werden. Dafür wird nach einer Wundauflage eine noch aufgerollte Wickel (auch in der Packung) auf die Austrittstelle gedrückt. Nachdem der Bereich mit Watte gepolstert wurde, wird der Druck durch eine fest umwickelte Bandage gehalten. Wenn nach wie vor Blut durch den Verband sickert, kann ein sauberes Tuch mit der Hand auf die Wunde gedrückt werden, bis der Tierarzt eintrifft, wobei der erste Verband erhalten bleibt.

Ein Hufverband

Das Bein wird angehoben und der gesamte Huf bis über die Fesselbeuge gut mit Watte gepolstert. Dieses Polster wird mit einer Mullbinde fixiert und der Verband abschließend mit einer elastischen, selbsthaftenden Binde geschützt.

In Bewegung reißt der Verband schnell an der Hufsohle, deshalb wird außen um den Verband selbstklebendes Kunststoff-Textilband befestigt.
Vorbreitend können mehrere Streifen sozusagen als Bodenplatte zusammengeklebt werden. Diese Bodenplatte wird an der Hufsohle festgeklebt. Der Huf wird seitlich umwickelt, wobei die Polsterung oben aus dem Verband ragt, um zu verhindern, dass er zu stramm ist. Ein Tierarzt legt diesen Verband oft nach der Diagnose Hufgeschwür oder Nageltritt an. Er wird auch eingesetzt, um den Huf zu schützen.

Umgang mit kleineren Blessuren

Nicht jede Verletzung eines Pferdes ist ein Notfall, und kleine Blessuren werden im Umgang oft selbst versorgt. Auch um eine kleine Wunde nur mit Wasser zu reinigen – z.B. eine oberflächliche Schürfwunde – muss die Hygiene beachtet werden. Dafür werden die Hände vorher gewaschen und soweit vorhanden Einmalhandschuhe benutzt.

Oberflächliche Schürfwunden

- die Wunde mit Wasser reinigen
- Schmutz und kleine Fremdkörper entfernen
- Haare am Wundrand abschneiden
- bei Bedarf die Wunde desinfizieren

Nicht immer muss eine Wunde mit einem Spray oder einer Salbe behandelt werden. Oft heilen Schürfwunden natürlich an der Luft, wenn sie sauber und trocken bleiben. Eine wirksame Tetanusimpfung ist für Pferde und Menschen allerdings gleichermaßen wichtig.

INHALTE EINER STALLAPOTHEKE

FÜR ALLE FÄLLE

Eine **Telefonliste**, die alle wichtigen Telefon-Nr. enthält und ein Block mit einem Stift für Notizen.
Eine **Taschenlampe**, um auch bei Dunkelheit alles zu finden.
Ein **sauberer Eimer** und ein **Messbecher**, für lauwarmes Wasser bzw. zum Angießen.

ZUR VERSORGUNG KLEINER BLESSUREN

- Seife, Einmalhandschuhe und Desinfektionsmittel für die Hände
- saubere Tücher, Waschlappen und Handtücher
- eine Pinzette, eine Zeckenzange, eine Verbandsschere (abgerundet)
- ein Maulkorb als Fressbremse
- ein Fieberthermometer
- ein wasserfester Stift, um z.B. die Eintrittstelle eines Nagels im Huf zu markieren
- Raspel, Hufmesser und Zange, um z.B. ein loses Eisen abziehen zu können und Nägel zu entfernen
- ein Desinfektionsmittel sowie eine Wund- und eine Heilsalbe

ZUM ANLEGEN VON VERBÄNDEN

- Kompressen (steril), Mullbinden
- Polstermaterial, Watte
- Bandagen und Mullbinden
- eine Windel für einen Hufverband
- selbsthaftende Elastikbinden
- Textilklebeband (stark klebend)

Medikamente werden nach Anweisung eines Tierarztes eingesetzt und aufgebraucht.
Es ist besonders wichtig, stets das Verfallsdatum zu beachten!

Krankheiten erkennen

Da Pferde keine Schmerzlaute von sich geben, müssen sie sehr genau beobachtet werden, denn sie äußern Unwohlsein und Schmerzen nur durch ihr Verhalten. Kleinste Veränderungen können ein Signal sein, das nicht übersehen werden darf.

Wenn ein Pferd sich **im Umgang verändert** und Probleme auftreten, dann muss die Ursache gefunden werden. Unwohlsein, Schmerzen oder eine Krankheit können ein Grund für Verhaltensänderungen sein. Das kennen wir von uns selber: Fühlen wir uns unwohl, dann sind wir vielleicht launisch oder möchten unsere Ruhe haben. Ansprechpartner für Diagnose und Behandlung können Tierärzte oder entsprechend ausgebildete Alternativmediziner sein.

Zur Versorgung eines Pferdes gehört ein **prüfender Blick**, der von vorne nach hinten und von unten nach oben am Körper entlangschweift.

Das Pferd sollte alle Beine gleichmäßig belasten – es sei denn, es ruht. **Wunden oder Schwellungen** sollten entdeckt werden. Ein gesundes Pferd hat einen **wachen Blick** und gespitzte Ohren. Die Augen sind **geöffnet und klar**. Das Fell glänzt und liegt an. Das **Maul** ist entspannt, geschlossen und die **Nüstern** sind normal geweitet.

Nasen- oder Augenausfluss werden beachtet. Die **Bewegungen** sollten fließend, frei von Lahmheit sein. Es wirkt **gelassen** und nimmt die Umwelt wahr. In Ruhephasen kann es mit geschlossenen Augen auf der Seite liegen – tiefenentspannt, wobei sich Herz- und Atemfrequenz deutlich reduzieren können. Das ist normal.

Der prüfende Blick setzt sich im **Umfeld** des Pferdes, im **Stall oder Auslauf** fort. Futterreste im Trog sind ein Signal dafür, dass etwas nicht stimmt. Entweder geht es dem Pferd nicht gut oder das Futter ist vielleicht verdorben. Zerwühlte Einstreu, die auffallend durchnässt ist, oder Kratzspuren am Boden deuten auf ein unruhiges Pferd hin. Ursachen können Aufregung oder Unwohlsein sein.

Findet man **Fellreste** an Scheuerstellen im Stall, dann juckt dem Pferd das Fell, und bevor offene Wunden erkennbar werden, muss die Ursache für den Juckreiz gefunden werden.

Die **Beschaffenheit der Pferdeäppel** und auch die Kotmenge, die ein Pferd absetzt, lassen Rückschlüsse auf dessen Verdauung zu. Die rundlichen Kotballen glänzen normalerweise etwas feucht.

Benimmt das Pferd sich in seiner gewohnten Umgebung anders als sonst, dann müssen wir sehr aufmerksam werden und klären, ob es eventuell erkrankt ist. Es ist wichtig frühzeitig zu **reagieren**, um **Schmerzen zu lindern**, Schlimmeres zu vermeiden und im Notfall sogar lebensrettende **Maßnahmen** zu ergreifen. Deshalb gilt: Besser einmal zu oft als zu spät einen Tierarzt zu Hilfe rufen.

Kolik

Die Kolik ist ein Anzeichen für eine **Erkrankung** im Bereich des **Magen-Darm-Traktes**, die viele Ursachen und ganz unterschiedliche Verläufe haben kann. Häufig sind es Fütterungsfehler, aber auch Stress und Unruhe, die zu einer Kolik führen können.

Mögliche Anzeichen

- offensichtlich starke Schmerzen, Umsehen nach dem Bauch, evtl. Flehmen
- Schlagen mit den Hinterbeinen gegen den Bauch
- unruhiges, häufiges Hinlegen und Aufstehen, Wälzen
- ruhiges Liegen zu ungewohnter Zeit.
- beschleunigte Atmung und/oder Schweißausbruch
- erfolglose Versuche zu äppeln
- das Futter wurde nicht gefressen
- Zerwühltes Umfeld (Einstreu/Boden)
- deutliche Wälz- und Scharrspuren im Stall oder auf dem Paddock erkennbar
- wenig/keine Darmgeräusche sind nahe des Hüfthöckers an der Flanke hörbar

Maßnahmen

Eine Kolik kann sich zu einem **lebensbedrohlichen Zustand** entwickeln. Deshalb ist schnelles Handeln erforderlich. Der Tierarzt wird sofort gerufen. Nach Möglichkeit führen wir das Pferd. Vorsicht: Ein Pferd mit starken **Bauchschmerzen** schmeißt sich unvorhersehbar hin oder schlägt unberechenbar aus. Liegt ein Pferd, kann es unter Beobachtung ruhig liegen bleiben.

Pferde haben keinen eigenen Schmerzlaut. Bei ihnen kann Flehmen Ausdruck von Schmerzen sein.

WICHTIGE INFORMATIONEN FÜR DEN TIERARZT

- Pferd: Rasse, Alter und Geschlecht.
- Wie verhält sich das Pferd, seit wann?
- Beschreibe Kot- und Harnabsatz und Beschaffenheit.
- Puls, Atmung und Temperatur (Auffälligkeiten) messen.
- Benenne die betroffene Körperregion bzw. das Körperteil.
- Bei Verletzung: Beschreibe die Art der Verletzung (Schlag, Stich o.ä.).
- Bei Verdacht auf Vergiftung: Pflanze oder andere Ursache benennen.
- Stalladresse und eine Kontakt-Telefon-Nummer angeben.

Schlundverstopfung

Der Schlund – die Speiseröhre – eines Pferdes ist ein Schlauch mit drei Engpässen, durch den das Futter in den Magen gelangt. **Quellendes Futter** oder unzureichend zerkleinertes Futter kann die Röhre verstopfen. Zahnuntersuchungen, Ruhe während der Futteraufnahme und Fressbremsen (z.B. ein Salzleckstein im Trog) tragen dazu bei, dass Futter zerkleinert und nicht gierig verschlungen wird. Ein Sichtschutz zur Nachbarbox hilft oft bei Futterneidern, die in Eile fressen.

Mögliche Anzeichen

- Futterbrei fließt aus den Nüstern
- Atemnot und Schweißausbruch
- krampfartige Schmerzen
- aufgeblähte Nüstern
- das Pferd röchelt, hustet und/oder schnaubt

Maßnahmen

Ein Pferd mit Verdacht auf eine Schlundverstopfung wird ruhiggestellt. Der **Tierarzt** wird gerufen, und bis zu seinem Eintreffen bleibt das Pferd unter Beobachtung.

Auch durch quellendes Futter, das nicht ausreichend eingeweicht wurde, kann eine Schlundverstopfung ausgelöst werden.

Durchfall

Auch Durchfall wird oft durch Fehler bei der **Fütterung** verursacht. Verdorbenes Futter (Schimmel, Gefrorenes etc.) kann ebenso wie eine plötzliche **Futterumstellung** oder ein zu hoher Anteil an Saftfutter Durchfall auslösen. Der **Weideauftrieb** im Frühjahr oder die Gabe von feuchter, eiweißhaltiger Silage führen ebenfalls oft dazu. Manche Pferde haben Durchfall oder wässrigen Kot durch **Stress**.

Mögliche Anzeichen

- Kot an den Hinterbeinen, verklebter Schweif
- das Umfeld, die Einstreu stinkt
- laute Darmgeräusche sind hörbar
- bei einer Infektion tritt hohes Fieber auf
- das Pferd hat Kolikanfälle

Maßnahmen

Bei Fieber, Appetitlosigkeit, breiigem Durchfall über mehr als zwei Tage sollte man den **Tierarzt** rufen. Mit ihm kann die Fütterung besprochen und angepasst werden.
Ebenso kann er veranlassen, dass bei Bedarf die Entwurmung aufgefrischt wird.
Ein Pferd, das an Durchfall leidet, muss Ruhe haben. Da es große Mengen an Wasser verliert, ist die ausreichende Versorgung mit frischem Wasser besonders wichtig.
Durchfall ist auch oft ein Zeichen von Aufregung. Wenn ein Pferd in ungewohnten Situationen weichen Kot absetzt, dann ist es nicht krank, sondern steht unter Stress. Durch die Arbeit mit unterstützenden Lehrpferden, Übung und das geduldige Heranführung an Ungewohntes kann es gelingen, dass ein Pferd weniger gestresst reagiert.

Hufrehe

Hufrehe ist eine **Entzündung der Huflederhaut,** wodurch sich der Innenteil des Hufes von der Hornwand löst. Schlimmstenfalls stößt die Hufbeinspitze durch die Sohle oder das Pferd »schuht aus«, wobei sich die Hufkapsel löst.

Mögliche Anzeichen

- entlastende Stellung:
  Vorderbeine weit nach vorne gestellt, Hinterbeine weit untergestellt
- warme Hufe
- Schwitzen und/oder Fieber
- Unruhe, Zittern, erhöhte Atemfrequenz
- fühliger, zögernder, ängstlicher Gang
- verminderter Appetit

Maßnahmen

Es handelt sich um einen **Notfall**, und der **Tierarzt** muss unverzüglich gerufen werden. Die **Hufe werden gekühlt** (Vorderhufe in einem Eimer, wenn das Pferd dies zulässt). Das Pferd wird nicht unnötig bewegt, und es wird für eine weiche Liegefläche in der Box gesorgt (zum Beispiel Späne). Ursache ist häufig ein Überangebot an frischem **Gras im Frühjahr**. Wenn ein Pferd einmal an Hufrehe erkrankt war, dann muss noch aufmerksamer auf die Fütterung geachtet werden. Oft sind Ponys von der Krankheit betroffen.

Hufrehe kann auch durch **übermäßige Belastung** der Hufe verursacht werden. Pferde, die von Hufeisen auf »barfuß« umgestellt werden, können ebenso einen Reheschub erleiden, wie Pferde, die versehentlich zu kurz ausgeschnitten wurden. Umstellungen an den Hufen werden deshalb gut vorbereitet.

Kreuzverschlag

Die Krankheit wird auch »Feiertagskrankheit«, »Schwarze Harnwinde« oder »Lumbago« genannt. Kreuzverschlag ist für ein Pferd sehr **schmerzhaft** – vergleichbar mit einem starken Muskelkater bei Menschen. Die **Rückenmuskulatur** wird oft schwer **geschädigt**.

Mögliche Anzeichen

- steifes Gehen, komplette Arbeitsverweigerung, einfach stehen bleiben
- Einknicken, Lähmung der Hinterhand
- Zittern und Schwitzen
- Muskulatur im Bereich der Kruppe härter
- dunkler, rötlich brauner Harn

Maßnahmen

Der **Tierarzt** wird sofort gerufen, und bis zu seinem Eintreffen bleibt das Pferd **stehen**. Es wird nicht geführt und warm gehalten. Ein **Körnerkissen** oder eine **Decke** werden wärmend auf seine Kruppe gelegt.

Um Kreuzverschlag zu vermeiden, muss die Fütterung eines Pferdes seiner Bewegung angepasst sein. Häufig wird an sogenannten Ruhetagen die Kraftfuttermenge nicht verringert, wodurch zu viel Zucker in der Muskulatur gespeichert wird.

Schädliche Stoffwechselprodukte in der Muskulatur, vor allem im Bereich der Kruppe und der Oberschenkel, führen in der Folge zu **Entzündungen** und **Zerstörung der Muskelzellen**. Besonders an gut gemeinten Stehtagen muss ein Pferd die Möglichkeit haben, sich ausreichend bewegen zu können, und auf jeden Fall sollte weniger oder kein Kraftfutter verfüttert werden.

Anstoßen und Husten

Husten ist ein Hinweis auf **Atembeschwerden,** die sehr oft bei Pferden auftreten und nicht zu unterschätzen sind. Staub, Keime, schimmeliges Heu oder Schimmelbildung im Stallbereich können Husten oder allergische Reaktionen auslösen. Bei natürlicher Haltung mit Frischluft und viel Bewegung kommt es weniger zu hustenden Pferden als bei reiner Boxenhaltung. Schon die ersten Anzeichen müssen beachtet werden, denn aus einem leichten Husten kann sich eine chronische Bronchitis oder gar eine Lungenentzündung entwickeln.

Husten zeigt sich in vielerlei Art und Weise. Manch ein Pferd stößt nur kurz an, das klingt dann, als hätte es sich verschluckt. Andere husten in Bewegung, schon zu Beginn der Arbeit oder erst wenn bei Anstrengung die Atemfrequenz höher wird. **Anzeichen für Husten** müssen beachtet werden. Grundsätzlich sollte der Tierarzt informiert werden, denn er kann durch Abhören der Lunge Klarheit schaffen und eine Behandlung vorschlagen. Auch gibt er Auskunft darüber, ob es sich um ansteckenden oder nicht ansteckenden Husten handelt. Denn das wiederum spielt eine Rolle bei der Entscheidung, ob das Pferd **isoliert** werden muss oder nicht.

Sollte **Schleim** mit ausgehustet werden, besteht **dringender Handlungsbedarf,** um einen chronischen Krankheitsverlauf zu verhindern. Denn **Schleim** kann sich in der Lunge **festsetzen.** Bei Pferden mit **allergischen Reaktionen** oder Atembeschwerden wird das **Heu nass verfüttert**. Diese Pferde sind besonders empfindlich gegen Staub und brauchen – wie jedes Pferd – viel frische Luft.

Atemwegserkrankungen gehören mit zu den häufigsten inneren Erkrankungen bei Pferden. Die Ursache muss gefunden werden – oft liegt es an der Haltung.

Dämpfigkeit

Eine **chronische Veränderung der Lunge** kann im Endstadium zu Dämpfigkeit führen. Dämpfige Pferde haben Probleme, ihre Sauerstoffversorgung über die Atmung zu sichern. Das Atmen fällt ihnen oftmals sehr schwer, sie sind kaum belastbar und leiden darunter. Ein dämpfiges Pferd atmet vermehrt über die **Bauchmuskulatur**. Durch die Rippen-Bauch-Atmung ist in dem Bereich die Muskulatur stark ausgebildet. Das ist erkennbar an der sogenannten **Dampfrinne**. Diese befindet sich am Rand des Rippenbogens schräg über der Flanke. Die Ursache für chronische Atemwegserkrankungen sind oft verschleppte Erkältungen, die nicht ernst genommen wurden. Im täglichen Umgang sollte also dringend darauf geachtet werden, wie ein Pferd atmet.

Lahmheiten

Lahmheiten sind daran erkennbar, dass ein Pferd nicht gleichmäßig im Takt läuft. Es versucht so, den Schmerz zu umgehen. Ein lahmendes Pferd nickt mit dem Hals und dem Kopf, während es läuft. Zunächst werden bei einer Lahmheit die Gliedmaßen genau angesehen und dann abgetastet. Angelaufene Beine, Prellungen oder kleine Wunden sind erkennbare Ursachen. Ein lahmendes Pferd wird beobachtet, geschont und nach ein paar Tagen sollte die Lahmheit vorbei sein, sonst muss ein Tierarzt das Pferd untersuchen.

Hufgeschwür

Häufig ist ein Hufgeschwür (Hufabszess) der Grund für eine plötzlich auftretende starke Lahmheit. Es entsteht oft dadurch, dass ein Pferd auf einen **spitzen Gegenstand** getreten ist. Die Huflederhaut ist in diesem Bereich gequetscht und es bildet sich ein Eiterherd (Abszess). Der Huf ist fühlbar warm. Im Bereich des Fesselkopfes ist eine erhöhte Pulsation fühlbar. Ein Hufschmied oder Tierarzt wird gerufen. Dieser spürt mit einer Zange die Druckstelle auf. Das Pferd wird durch Ausschneiden der Stelle von dem Druck befreit. Der Eiter kann entweichen

Sehnen- und Fesselträgerschäden

Akut lahmen Pferde auch, wenn sie sich vertreten haben und sich bei der Gelegenheit eine Sehnen- oder Fesselträgerverletzung zugezogen haben. Ein weiterer Grund für Fesstelträgerschäden ist Überlastung. Oft verlangen wir von unseren Pferden Leistungen, zu denen sie körperlich noch nicht in der Lage sind. Wieder ein Fall für den Tierarzt.

MÖGLICHE URSACHEN FÜR LAHMHEITEN

EINSCHUSS (PHLEGMONE)
Ein Bein **schwillt sehr dick an**, es wird warm und verursacht starke Schmerzen. Einschuss wird vom Tierarzt behandelt. Ursache sind häufig **nicht erkennbare Verletzungen**.

HUFROLLENENTZÜNDUNG
Jedes Pferd hat eine Hufrolle. Die Hufrolle setzt sich aus dem **Strahlbein**, dem Ansatz der tiefen Beugesehne und dem **Hufrollenschleimbeutel** zusammen. Eine Hufrollenentzündung ist schmerzhaft, und das Pferd lahmt. Ein Tierarzt kann beurteilen, was zu tun ist. Ursachen sind häufig Verschleiß oder starke Belastung.

KRONEN- ODER BALLENTRITT
Verletzung im Bereich des **Ballens** oder der **Krone**. Oberflächliche oder tiefe Wunde. Das Tragen von Hufglocken schützt davor.

MAUKE
Nässende Entzündung im **Fesselbereich**. Bakterien, Milben, Pilze und nicht infektiöse Ursachen. Der Fesselbereich wird zur Vorbeugung regelmäßig vorsichtig gesäubert.

NAGELTRITT
Wenn ein spitzer Gegenstand z.B. ein Nagel in den Huf eindringt, spricht man von einem **Nageltritt**. Idealerweise zieht ein Tierarzt den Gegenstand heraus, damit er die Tiefe und den Eintrittswinkel einschätzen kann. Es kann vorkommen, dass man ihn selber herausziehen muss, um zu verhindern, dass er noch tiefer eindringt. Dann sollte man versuchen, die Stelle zu markieren oder sie sich merken. Verletzungen an den Hufen haben oft schwerwiegende Folgen, deshalb sollte auch hier ein Tierarzt die erste Wundversorgung vornehmen.

ARBEITSBLATT

Um Dein Wissen zu testen, kreuze die richtigen Antworten an. Nutze den Lösungsbogen der hinteren Umschlagklappe um zu schauen, ob Du recht hast oder nicht.

ACHTUNG

Es gibt richtige und falsche Antworten!

Ordnung im Straßenverkehr
Kontrolliert einwirken
Führen in der Praxis
Die Fütterung
Der passende Stall

Was ist zu beachten, wenn ein Pferd im öffentlichen Verkehr geführt wird?

- ◯ Es gilt die Straßenverkehrsordnung.
- ◯ Bei Dunkelheit und in der Dämmerung wird ein Pferd mit Leuchtmitteln ausgestattet.
- ◯ Das Pferd muss kontrollierbar sein und wird mit Trensenzaum geführt.

Es ist wichtig, bei Dunkelheit gut erkennbar zu sein, ohne andere zu blenden.

Welches Verhalten ist richtig, wenn man sich auf der Stallgasse begegnet?

- ◯ Ein angebundenes Pferd wird herumgestellt, man muss mit großem Abstand vorbeigehen.
- ◯ Man bleibt zwischendurch stehen und unterhält sich über die Reitstunden.

Womit wird ein Anbindestrick und womit ein Führstrick verschlossen?

____

____

Worauf muss bei der Versorgung mit Wasser geachtet werden?

- ◯ Wasser muss von guter Qualität sein, die Tränke wird sauber gehalten.
- ◯ Nach großer Anstrengung darf ein Pferd nicht zu hastig trinken.
- ◯ Es genügt, einem Pferd einmal täglich etwas Wasser vorzuhalten.

Wie viel Liter Wasser trinkt ein Pferd ungefähr an einem Tag?

- ◯ 15 bis 20 Liter
- ◯ ca. 40 bis 70 Liter
- ◯ 280 Liter

Welche Futterarten kennst Du?

- ◯ Leckerlis, Brot und Bananen.
- ◯ Raufutter, Kraftfutter, Saftfutter und bei Bedarf wird Mineralfutter ergänzt.

Wie sollte die Box eines Pferdes aussehen?

Antwort
Die Box für ein Pferd muss hell und groß genug sein (Widerristhöhe x 2)². Trog und Tränke sind sauber und gegenüberliegend (diagonal) angebracht. Mit einer weichen, sauberen Einstreu, zum Beispiel Stroh oder Sägespäne.

Worauf muss man bei der Gruppenhaltung von Pferden achten?

- ◯ Die Gruppe muss zueinanderpassen. Unter Pferden gilt eine Rangordnung.
- ◯ Weil Pferde Herdentiere sind, ist die Gruppenhaltung für jedes Pferd geeignet.

Warum muss ein Offenstall mehrere Zugänge haben?

- ◯ Um zu verhindern, dass ein ranghohes Pferd den Eingang für andere versperrt.
- ◯ Damit bei Streitereien genügend Platz zum Ausweichen vorhanden ist.
- ◯ Frische Luft kann von mehreren Seiten durch den Stall wehen.

Wie groß sollte die Box mindestens sein, wenn ein Pferd 1,72 m groß ist?

____

Welche Informationen findest Du über ein Pferd in seinem Equidenpass?

- ◯ Den Nachweis, ob es als Schlacht- pferd oder als Nicht-Schlachtpferd gilt.
- ◯ Die Impfungen des Pferdes werden darin dokumentiert.
- ◯ Seine eindeutigen Erkennungsmerkmale (z.B. Abzeichen) sind darin vermerkt.
- ◯ Welches Futter es am besten verträgt und in welchen Mengen es verfüttert wird.

Pferde werden immer von der linken Seite aus geführt, ist das richtig?

- ◯ Ja, weil viele Menschen Rechtshänder sind, führt man Pferde nur von links.
- ◯ Nein, das ist falsch. Ein Pferd wird aus verschiedenen Positionen geführt. Das wird geübt und dann gelingt es auch von der rechten Seite oder sogar von vorne.

Was ist wichtig, wenn ein Pferd im näheren Umfeld des Stalls geführt wird?

- ◯ Das Pferd wird mit einem Halfter und einem Führstrick ausgerüstet.
- ◯ Mit dem Handy in der Hand, kann man gleichzeitig die Uhrzeit im Blick haben.
- ◯ Pferde reagieren auf äußere Einflüsse, damit muss man immer rechnen.
- ◯ Im Umfeld kennt ein Pferd jedes Auto, deshalb kann man zügig an ihm vorbeifahren.

Im Umfeld des Stalls wird fleißig geübt.

NOTIZEN

KAPITEL
PRAXIS IM ALLTAG

AUF IN DEN ANHÄNGER

MITEINANDER KOMMUNIZIEREN

MITEINANDER VOM BODEN

FÜHREN IN DER PRAXIS

PUTZEN UND PFLEGEN

EIN PFERD LAUFEN LASSEN

KONTROLLIERT EINWIRKEN

EIN PFERD VORFÜHREN

UNTERWEGS IM NÄHEREN UMFELD

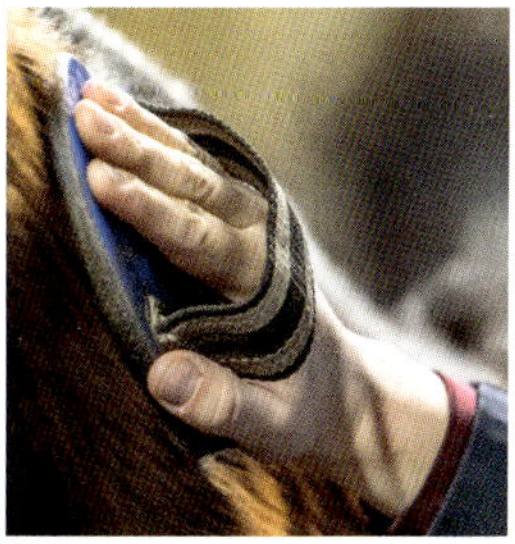

AUF IN DEN ANHÄNGER

Mit Geduld und in Ruhe gelingt das Verladen und der Transport eines Pferdes auch dann, wenn es in Notfall-Situationen einmal schneller gehen muss.

Folgt ein Pferd (s)einem Menschen in einen Pferdeanhänger, ist das ein **Vertrauensbeweis**. Denn auf kleinstem Raum wird ein Fluchttier angebunden und hinzu kommen Außengeräusche, die weder vorhersehbar, noch zu deuten sind. Ein **ruhiges Umfeld, Sorgfalt** und **Geduld** sind gute Voraussetzungen, um ein Pferd zu verladen, damit dieses Vertrauen erhalten bleibt.

Für den Transport wird ein Pferd mit einem Halfter ausgerüstet und mit einem Strick geführt. Die Beine werden mit Bandagen oder Gamachen geschützt und gegen Fliegen oder Kälte wird eine Decke aufgelegt, die eng anliegen sollte, damit sie nicht z.B. an einem Haken hängen bleibt.

Das Vertrautmachen mit ungewohnten Bodenverhältnissen und Führübungen erleichtern das Verladen. Mensch und Pferd können durch Führübungen in sicherem Umfeld vor der ersten Fahrt miteinander lernen.

Hat ein Pferd den Transport im Anhänger erlernt und verstanden, dann folgt es in der Regel willig, wenn es zielstrebig auf die Rampe zugeführt wird. Damit der Innenraum des Anhängers hell und gut einsehbar ist, sorgen Fenster und Lampen für das notwendige Licht. Zusätzlich kann die vordere Tür geöffnet werden. Als Neuling sammelt man erst einmal Erfahrung beim Verladen und nimmt die Hilfe von Pferdekennern in Anspruch.

Das Verladen

Aus Gründen der Sicherheit ist das Verladen zu zweit – mit helfenden Händen – ohnehin der sicherste Weg. Als Helfer begrenzt man mit Abstand zum Pferd den Raum seitlich der Anhängerklappe und ist bereit, einzugreifen – das Pferd zu berühren – damit es nicht neben die Rampe tritt. Die führende Person bleibt vorne im Anhänger und hält das Pferd solange am Strick, bis der Helfer sagt, dass er **die Stange** eingehängt und gesichert hat. Erst danach wird das Pferd vorne **angebunden**. Damit der Schweif frei pendeln kann, wird er an der Schweifrübe angehoben und über die Stange gelegt. Beim **Abladen** ist die Vorgehensweise **umgekehrt**: zuerst wird das Pferd losgebunden, ein Führstrick angelegt und erst danach hinten die Stange geöffnet. Wie der Pilot im Cockpit seines Flugzeugs, so wird vor jeder Abfahrt die **Sicherheit des Gespannes gecheckt**.

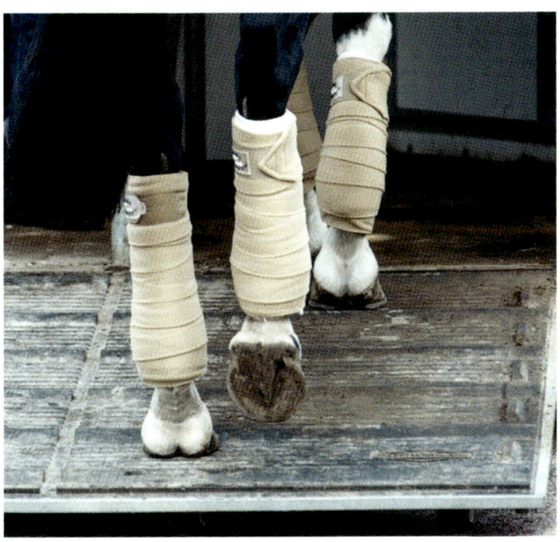

Stallbandagen mit Unterlagen oder Transportgamaschen schützen die Pferdebeine vor Verletzungen.

SCHRITT FÜR SCHRITT
ZU ZWEIT VERLADEN

Auf geradem Weg wird das Pferd auf die Rampe geführt. Eine zweite Person begrenzt den Weg zur Seite.

Ein Helfer hängt die Stange hinten ein, sichert sie und meldet es. Erst dann wird das Pferd vorne angebunden.

Beim Abladen wird zuerst das Pferd vorne losgebunden, der Führstrick befestigt und dann die hintere Stange geöffnet.

Technik und Voraussetzungen

Um ein Fahrzeug mit Anhänger fahren zu dürfen, ist seit dem Jahr 2000 neben dem Autoführerschein der Klasse B der Anhängerführerschein der Klasse E Voraussetzung. Das Auto muss für die erforderliche **Zug- und Traglast zugelassen** sein. Die Zulassungspapiere (Kfz-Schein) enthalten die Informationen für das **Fahrzeug**. Das zulässige **Gesamtgewicht** des Anhängers (Leergewicht plus Ladung) darf nicht überschritten werden. Das **Gewicht** eines Anhängers – beladen mit zwei Pferden – beträgt ca. 2.000 kg, mit nur einem ca. 1.500 kg – das exakte Gewicht wird auf einer Waage ermittelt.

Pferdeanhänger und Autos müssen regelmäßig durch den TÜV (Technischer Überwachungsverein) geprüft werden. Für die eigene und die Sicherheit anderer Verkehrsteilnehmer dürfen laut Gesetz nur Fahrzeuge mit gültiger **TÜV-Plakette** am Straßenverkehr teilnehmen.

In der Praxis verschafft Übung – anfangs ohne ein Pferd – die notwendige Routine, um sicher mit dem Pferdeanhänger fahren zu können. Im Straßenverkehr unterwegs zu sein, verlangt besonders **vorausschauendes Fahren, denn plötzliches Bremsen** kann dazu führen, dass Pferde auf dem Anhänger ausrutschen.

RICHTLINIEN UND GESETZE

- Anhänger sind **TÜV-pflichtig** und müssen **zugelassen** sein.
- **Nur für Sportzwecke** angemeldete Anhänger sind steuerfrei und haben ein grünes Kennzeichen: Damit dürfen ausschließlich Pferde transportiert werden.
- Nach der **Viehverkehrsordnung 90/426 EWG** ist für jedes Pferd, das seinen Stallbereich verlässt und an einen anderen Ort verbracht wird, der **Pferdepass** mitzuführen.
- Laut StZVO § 56 muss durch einen **zweiten Spiegel am Fahrzeug** die indirekte Sicht ermöglicht werden.
- Während der Fahrt wird ein Pferd angebunden, denn die **»Ladung«** muss **gesichert** sein.

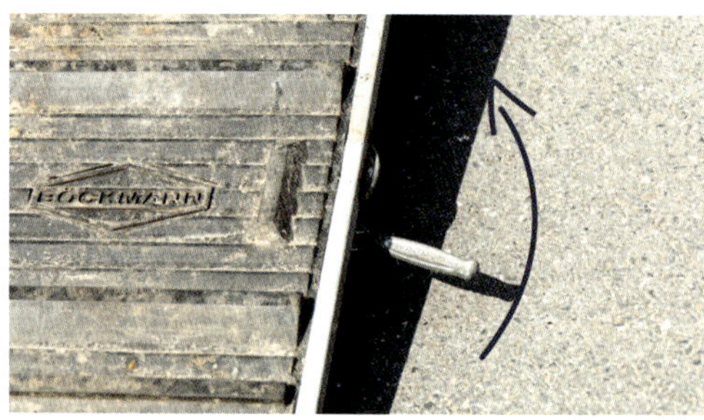

Die Haken an der Rampe werden hochgeklappt, sonst könnte ein Pferd sich daran verletzen.

Der Stecker wird in die Steckdose (1) gesteckt, das Bremsseil wird an der Anhängerkupplung befestigt (2), die Handbremse wird gelöst (3) und das hochgedrehte Stützrad (4) weist nach hinten.

Außerdem **verlängert** sich der **Bremsweg** durch das zusätzliche Gewicht des Anhängers. Weil es für ein Pferd schwierig ist, auf dem Anhänger die Balance zu halten, werden **Kurven** stets mit **deutlich reduzierter Geschwindigkeit** durchfahren.

Der Komfort

Pferde stehen oft ruhig und zufrieden auf einem Anhänger, wenn sie **mit Heu versorgt** und beschäftigt sind. Ein Heunetz kann sicher im vorderen Teil des Anhängers an einer Vorrichtung im Dach befestigt werden. Bei längeren Fahrten werden Pferde auf jeden Fall im zeitlich notwendigen Rahmen gefüttert und in Pausen mit Wasser versorgt. Deshalb gehört ein Eimer zur Grundausstattung beim Transport eines Pferdes. Die Bewegungsfläche auf einem Pferdeanhänger ist meistens aus rutschfestem, hartem Material gefertigt. Da Pferde ungerne auf hartem Untergrund Wasser lassen, ist eine **Einstreu** sinnvoll. Andernfalls halten manche Pferde dieses Bedürfnis zurück.

CHECKLISTE VOR DER FAHRT MIT DEM PFERDEANHÄNGER

- Papiere sind vollständig und gültig (**Equidenpass und Fahrzeugpapiere**)
- Fahrzeug**beleuchtung**, Bremslichter und Blinker funktionieren
- **Sicherheitsseil** an Anhängerkupplung
- **Stützrad** hoch, es weist nach hinten
- **Stecker** sitzt fest in der Steckdose
- **Handbremse** ist gelöst
- Sichtkontrolle: **Reifen** und Luftdruck werden regelmäßig geprüft
- **Fenster** am Hänger entweder zu oder ohne Zugluft eingestellt
- **Verschlüsse** gesichert mit Haken und/oder Federn
- alle **Türen** sind verschlossen
- Pferd(e) korrekt **angebunden**
- für das **Pferd**: Beinschutz, eine Decke
- die **Versorgung** für die Pferd(e) unterwegs ist gesichert: Raufutter (Heunetz), Eimer für Wassergabe, ggfs. Kraftfutter

BEACHTENSWERT BEIM VERLADEN

Transportiert zu werden ist für Pferde eine **Vertrauenssache**. Ein ruhiges Umfeld und zielstrebiges Handeln erleichtern das Verladen. Pferde sollten ohne Zeitdruck daran gewöhnt werden. In Begleitung einer **pferdeerfahrenen Person** ist es sicherer und Pannen sind leichter zu meistern.

AUFLADEN

- gerade auf die Rampe führen, seitlich begrenzt durch einen Helfer
- zuerst hinten die Stange einhängen und sichern, dann das Pferd anbinden

ABLADEN

- das Pferd losbinden, den Führstrick anlegen, dann hinten die Stange entsichern und aushängen
- das Pferd gerade abladen, mit sehr viel Ruhe, denn verlässt es den Anhänger entspannt, behält es ihn in guter Erinnerung

Miteinander kommunizieren

Ein erfahrener Pferdekenner (Ausbilder oder Prüfer) merkt nach wenigen Augenblicken, wie gut Mensch und Pferd aufeinander eingehen und miteinander (um)gehen.

Es gibt Menschen, denen scheint es leicht zu fallen, mit Pferden harmonisch umgehen zu können. Andere müssen sich das hart erarbeiten. Kinder haben oft einen **guten Draht** zu Pferden und Pferde zu ihnen. Dafür mag es verschiedene Gründe geben, auf jeden Fall sind Kinder oft ganz bei dem Pferd und intesiv und aufmerksam damit befasst. Erwachsene **denken über vieles nach** und das auch in den Momenten, die sie mit einem Pferd verbringen. Sie lassen sich oft nicht hundertprozentig darauf ein, sind **unaufmerksam** und haben dennoch hohe Ansprüche. Das kann zu **Missverständnissen** führen.

Ist der Mensch unachtsam, übersieht er die Reaktionen des Pferdes, und die eigenen Signale sind oft nicht eindeutig. Bezogen auf den Menschen sind es kleine Unstimmigkeiten – wie der sichere Gang, der klare Blick nach vorn und zielgerichtetes Handeln – die man als Außenstehender beobachten kann. Betrachtet man die Kombination Pferd und Mensch, dann ist ein Pferd aufmerksam und respektiert (s)einen Menschen, wenn es auf dessen Signale reagiert. Es gilt als ein gutes Zeichen, wenn das Pferd während der Arbeit ein Ohr nach hinten oder vorne richtet. Wie eine Antenne steht es auf Empfang und nimmt auf, was der Mensch gerade tut und welche Signale er sendet.

In der Zeit, die wir mit einem Pferd verbringen, sollten wir also sehr aufmerksam sein. Pferde reagieren instinktiv auf ihre Umwelt. Häufig fällt der Satz: »Pferde sind das Spiegelbild unserer Seele.« Wenn also jemand zu einem Pferd geht und **gelassen und entspannt**, mit ruhigen Handgriffen und Bewegungen handelt, dann sind das sehr gute Voraussetzungen dafür, dass das Pferd ebenso reagiert. Sind wir mit den Gedanken woanders und können uns nicht davon lösen, dann sind wir unkonzentriert und übersehen leicht die Reaktionen des Pferdes.

Die Körpersprache

Für den ersten Eindruck, den ein Mensch bei einem Pferd hinterlässt, gibt es nur die eine erste Gelegenheit. Im weiteren Verlauf der Begegnungen mit dem Pferd gilt: So, wie wir ankommen, so werden wir auch wahrgenommen. Damit stellen wir die Weichen für den weiteren Verlauf der Begegnung. Die eigene Ausstrahlung – die Körpersprache, -haltung und Bewegungen – spielen dabei eine große Rolle. Unser Körper sendet beinahe ständig Signale. Pferden bleibt die Stimmung des Menschen, der sich mit ihnen befasst, nicht verborgen. Wenn schon unter Menschen bei der ersten Begegnung der Eindruck auf andere zu 90 % durch Mimik, Gestik und Kleidung entsteht und nur 10 % durch das gesprochene Wort beeinflusst werden, dann wird deutlich, wie wichtig es ist, dass wir unsere Wirkung nach außen überdenken sollten, bevor wir auf ein Pferd zugehen. *[1]* Die Forschung hat gezeigt, dass Gefühle überwiegend ohne Worte übertragen werden. Das, was wir sagen, sind überwiegend Tatsachen (Fakten) und die damit verbundenen Gefühle werden durch die Art des Sprechens, die Körperhaltung, die Betonung und den Gesichtsausdruck vermittelt. *[2]*

Das eigene Erscheinungsbild

Die Körperspannung, die Haltung, der Gesichtsausdruck und die Art der Bewegungen verraten die Stimmung des Menschen. Einem Pferd begegnet man mit Geduld, aufmerksam und mit Respekt. Wir müssen die eigene Wirkung richtig einschätzen und uns bewusst im Sinne des Pferdes verhalten.

!

KOMMUNIKATION: WORAUF WIR ACHTEN SOLLTEN

- Zwischen zwei Lebewesen ist es unmöglich, nicht ohne Körpersprache zu kommunizieren.
- Die nonverbale Kommunikation wird von Gefühlen gesteuert, und die sind kaum kontrollierbar.
- Es kommt vor allem dann zu Missverständnissen, wenn das Gesagte nicht zu der Körpersprache passt.
- Bei der Kommunikation mit Tieren muss sich der Mensch seiner Körpersprache wieder bewusster werden.

(In Anlehnung an: Pferd und Mensch, Dr. Ursula Pollmann, Ulmer)

Definition: Nonverbal bedeutet nicht mit Hilfe der Sprache, sondern durch Gestik, Mimik oder optische Zeichen vermittelt.

DER FORSCHE, DYNAMISCHE TYP ...

... missachtet vor lauter Tatendrang, dass das Pferd gerade ganz mit sich selbst beschäftigt war.

Der Blick

Mit unseren Augen erfassen wir die Umwelt weiträumig oder starren etwas an – beides ist möglich. Mit dem starren Blick erhöht sich die Körperspannung. Den Blickkontakt eines Menschen kann ein Pferd wahrnehmen, und manche Pferde reagieren darauf.
Sie wenden sich ab oder behaupten eine ranghöhere Position. Ein leicht gesenkter Blick und ein freundliches Wort kann die Lage entspannen.

Die Hilfen

Wohlüberlegte Einwirkungen auf ein Pferd, die bewusst erfolgen, werden Hilfen genannt. Ein Ziel im Umgang mit Pferden sind feine, kaum sichtbare Hilfen. Wie durch Gedankenübertragung folgt manches Pferd (s)einem Menschen, denn es hat die Hilfen erlernt, verstanden und befolgt sie aufmerksam.
So, wie ein Radio über einen Regler laut und leise gestellt wird, werden Hilfen dosiert eingesetzt. Feine Hilfen werden zu deutlicheren Signalen, wenn das Pferd nicht reagiert. Wer über längere Zeit laut Radio hört, nimmt die leisen Töne nicht mehr gut wahr. So ist das auch bei Pferden. Sie stumpfen ab, wenn die Hilfen ständig stark gegeben werden. Der Regler für Signale an ein Pferd steht zu Beginn einer Aufgabe immer auf der niedrigsten Stufe – leise. Auf diese Weise wird es neugierig und bleibt aufmerksam – wenn der Mensch im Umgang konsequent handelt. Die Einwirkung wird verstärkt, wenn das Pferd nicht reagiert. Sobald ein Pferd wie gewünscht reagiert, endet die Einwirkung. In der Lernphase und immer wieder zur Motivation loben wir das Pferd und zeigen ihm, wie sehr es uns erfreut.

Die Stimmhilfe

Die Stimme kann dem Menschen und dem Pferd eine Hilfe sein. Die menschliche Stimme sorgt im wahrsten Sinne des Wortes für Stim-

DER UNSICHERE, ÄNGSTLICHE TYP ...

... wirkt unentschlossen und das kommt wenig vertrauenserweckend beim Pferd an.

mung. Das heißt, je nach Tonfall, Lautstärke und Geschwindigkeit wird sie von einem Pferd wahrgenommen und kann beruhigend, motivierend oder einschüchternd wirken.
Langsam, leise und ruhig gesprochene Worte wirken beruhigend. Wohingegen laute und energische Töne, kurz und knapp dahergesagt oder gebrüllt, ein Pferd mahnen, bestrafen, irritieren oder verängstigen können.

»Der Ton macht die Musik« – das gilt auch im Umgang mit Pferden. Wenn wir die Stimme ganz bewusst ruhig einsetzen, verändern wir gleichzeitig unsere Atmung – sie wird ruhiger und man selbst auch.
Außerdem setzen wir Wörter ein – um eindeutige Reaktionen zu bewirken. Eine Stimmhilfe kann von einem Pferd umgesetzt werden, wenn es den Zusammenhang verstanden hat.

!

UMGANG MIT ANGST

Angst kann u.a. durch schlechte Erfahrungen oder Überforderung verursacht werden. Sie lähmt uns buchstäblich und kann sich auf ein Pferd übertragen. Wir müssen nach einer Lösung suchen, damit umzugehen.

- Einen Moment innehalten, um sich einen Freiraum zu verschaffen.
- Die tiefe Bauchatmung kann Dir helfen.
- Den Körper minimal bewegen.
- Im Hier und Jetzt: Konzentration auf das, was in diesem Augenblick zählt, und dabei voll da sein.
- Eine sinnvolle Aktion zielgerichtet einsetzen. Was ist jetzt sinnvoll?
- Stopp den negativen Gedanken durch ein Wort: z.B. »Stopp« und dann den negativen Gedanken durch einen positiven Gedanken ersetzen. Ein positiver Gedanke kann sein: »Ich bin stark.«
- Sich ein positives Bild der Handlung vorstellen.
- *(In Anlehnung an: Mental-Training für Reiter, Antje Heimsoeth, Müller Rüschlikon)*

!

VOKABELN FÜR DEN UMGANG MIT PFERDEN

Wort	**Bedeutung**
Pferdename	rufen oder ansprechen
und...	Achtung, Vorbereitung, eine Anweisung folgt
Braav oder gut gemacht	lobende Worte
nein oder lass das	hör mit dem auf, was du gerade tust
herum oder rum	Wenden, zum Beispiel beim Putzen
zurück	rückwärts treten lassen
steh, ho	bleib ruhig stehen
und halt	aus der Bewegung zum Halten auffordern
Sche-ritt	die Gangart Schritt
Te-rab	die Gangart Trab
Ga-lopp	die Gangart Galopp
Ho, Brr, sch alles ist gut ruu – hig(er)	beruhigende Laute bzw.Worte

Es kommt darauf an, wie die Worte ausgesprochen werden. Für die erwartete Reaktion werden immer dieselben Wörter verwendet. Welche Wörter es sind, bleibt einem letztendlich selbst überlassen.

Reagiert ein Pferd gut auf die Stimmhilfe, dann erleichtert das die Bodenarbeit und die Arbeit aus dem Sattel, denn das Pferd kennt die Kommandos und die damit verbundene Aufgabe ist ihm vertraut.

Die Gerte oder der Stick

Die Gerte oder ein Stick sind unser verlängerter Arm. Wie mit der Hand berühren wir das Pferd und es reagiert darauf. Mit der Gerte können wir das Pferd sanft streicheln, damit es keine Angst davor hat, wir berühren es damit oder zeigen sie nur an. Auch die Berührungen werden nach dem Lautsprecherprinzip abgestuft: feine Berührung, klopfend oder drückend ausgeführt. Der Griff, die Mitte oder das Ende der Gerte können für die Berührung verwendet werden. Auch die unterschiedliche Position der Gerte – mehr oder weniger im Sichtfeld – hat Einfluss auf die Wirkung. Das kleinste Signal ist, sie zu zeigen. Dann macht es einen Unterschied, ob sie angehoben (einsatzbereit) oder gesenkt (neutrale Ruheposition) wird. Das erhöht die Aufmerksamkeit des Pferdes. Die Bedeutung wird dem Pferd durch konsequentes Handeln vermittelt.

Die richtige Einstellung

Die Begegnung mit einem Pferd als solche ist für viele Menschen Entspannung und eine Auszeit. In Eile und unter Zeitdruck gelingt es nicht, ruhig mit einem Pferd umgehen zu können. Das eigene Zeitmanagement muss für den Aufenthalt bei einem Pferd genügend Freiräume schaffen. Auf der einen Seite arbeiten wir mit Pferden wohl überlegt, trainieren mit ihnen und erledigen die dazugehörigen Pflichten.
Auf der anderen Seite muss genügend Zeit für Verwöhneinheiten und Entspannung für Pferd und Mensch eingeplant werden. Denn dann lernt man einander besser kennen und

DER HEKTISCHE, EILIGE TYP ...

... übersieht schon mal die eine oder andere Reaktion des Pferdes und das kann gefährlich werden.

verstehen. Hat ein Pferd eine positive Einstellung zum Menschen, kommt es auf ihn zu – so sollte es sein.

Auf der Suche nach Ursachen für Missverständnisse oder Rückschritte im Umgang mit Pferden sollte man immer zuerst bei sich selber suchen, dann im Umfeld des Pferdes (Haltung, Fütterung, Gesundheit). Denn ein Pferd handelt so, wie es uns verstanden hat. Wenn also eine Übung, Aufgabe oder Lektion noch nicht so gelingt, wie sie gedacht war, muss sie besser oder noch einmal erklärt werden, und das wiederholt sich solange, bis das Pferd verstanden hat, worum es geht.

EIN FILM IM INTERNET

Die Zeit mit unserem Pferd, Uelzener Versicherung, Nicole Künzel

KONTROLLIERTE WUT

Wut und Zorn sind einem Menschen oft schon von außen am Gesichtsausdruck und der verspannten Haltung anzusehen. Bei Wut weiten sich die Blutgefäße, der Puls steigt und oft wird einem warm bzw. heiß, denn die Muskulatur stellt sich auf Angriff ein. Merkmale können beschleunigter Atem und eine rote Gesichtsfärbung (man kocht innerlich vor Wut) sein.

Wut ist nicht nur negativ, denn oft führt sie dazu, dass der-/diejenige, gegen den/die die Wut sich richtet, Respekt bekommt. Wenn die kontrollierte menschliche Wut von einem Pferd erkannt wird, kann sich eine Situation entschärfen.

Angestaute, unkontrollierte Wut ist für ein Pferd nicht zu verstehen. Sie führt nicht zum Ziel und heftige Reaktionen sind vorprogrammiert.

DER PARTNERSCHAFTLICHE TYP ...

... so, wie Pferde untereinander, wenn sie sich kennen: Entspannt und gelassen, mit leicht gesenktem Blick.

Führen in der Praxis

Ob ein Pferd die Signale eines Menschen, der mit ihm umgeht, versteht, zeigt sich bereits in der Praxis, wenn es an einem Halfter mit einem Strick geführt wird.

Ein gut sitzendes **Halfter** und ein **Strick** gehören zur Grundausstattung eines Pferdes. Pferdehalfter werden aus Nylon oder Leder gefertigt und in **verschiedenen Größen** angeboten. Die Größe des Halfters muss zur Größe des Pferdekopfes passen – es darf weder zu klein noch zu groß sein.

Ein Pferd wird immer – ergänzend zum Halfter – mit einem Strick geführt. Ein Pferd direkt am Halfter zu führen, ist viel zu gefährlich.

Für den Weg zum Putzplatz wird oft ein Strick verwendet, mit dem das Pferd auch angebunden werden kann. Kennzeichen für den typischen »**Anbindestrick**« ist ein **Panikhaken** als Verschluss, der mit einer Hand relativ leicht zu öffnen ist. Ein »**Führstrick**« hingegen bietet mehr Sicherheit, weil er mit einem **Karabinerhaken** verschlossen wird. Da ein Pferd immer auf äußere Einflüsse reagieren kann, wird für das Führen ein Führstrick verwendet.

HALFTER MIT FÜHRSTRICK

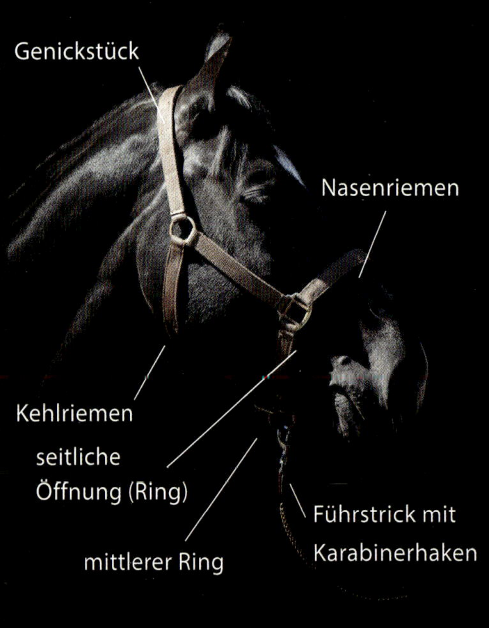

Anbindestrick mit Panikhaken. Dieser Verschluss ist mit einer Hand zu öffnen.

Ein Führstrick mit Karabinerhaken bietet eine sichere Verbindung zum Halfter.

Ein Ortswechsel

Ein Pferd zum Putzen aus seiner gewohnten Umgebung zu holen und die damit verbundenen notwendigen Handgriffe, sind **die erste gemeinsame Aufgabe**.

Da von Anfang an bei jeder Begegnung mit dem Pferd kommuniziert wird, muss man stets sehr aufmerksam sein und genau hinschauen, was das Pferd tut und wie es reagiert. Manche Pferde kommen dem Menschen entgegen, wenn sie angesprochen werden. Andere wenden sich ab oder laufen davon. Wichtig ist, die volle Aufmerksamkeit des Pferdes zu erlangen, wenn man in seinem Nahbereich ist. Wenn ein Pferd freundlich den Kopf herabsenkt signalisiert es einem: »Hol mich ab, ich bin bereit.«

Pferde sind schreckhaft, weshalb vermieden werden sollte, in ihrem Umfeld Lärm zu machen oder schnell zu rennen. Stattdessen sollte es ruhig, entspannt und gelassen zugehen.

Grundsätzlich muss man sich immer **bemerkbar machen**, wenn man auf ein Pferd zugeht. Jede Annäherung erfolgt innerhalb des Sichtfeldes. Das bedeutet nur **von vorne**, innerhalb des Bereiches, in dem ein Pferd seine Umwelt deutlich wahrnimmt.

Seitlich zwischen Kopf und Schulter ist **ein geeigneter Platz** für den Menschen, um ein Halfter anzulegen. Unter anderem deshalb, weil ein Pferd nicht in der Lage ist, mit einem Vorderbein zur Seite hin auszuschlagen.

Ein Pferd, das angesprochen wird, wendet sich oft dem Menschen vertrauensvoll zu.

Der Strick wird am mittleren Ring, unterhalb des Nasenriemens befestigt.

Wenn der Strick mit nur einer Hand gehalten wird, liegen die Schlaufen sortiert in der Faust.

Ein sicheres Umfeld

Oft ist der Anbindeplatz zum Putzen auch der Bereich, in dem ein Pferd vom Hufschmied oder Tierarzt behandelt wird. An das sichere Umfeld ist das Pferd gewöhnt.

Der Anbindeplatz muss **aufgeräumt** sein. Gegenstände, von denen Gefahren ausgehen könnten, dürfen nicht in Reichweite eines Pferdes gelangen.

Auf keinen Fall darf ein Pferd an beweglichen Teilen, wie zum Beispiel einer Tür, angebunden werden. Denn wenn es in Panik gerät, kann es problemlos sogar eine Tür aus den Angeln reißen.

Wenn es einem Pferd gelingt, sich loszureißen und davonzurennen, kann es sich und andere verletzen und großen Schaden dabei anrichten. Aus diesem Grund ist das sichere Umfeld eine wichtige Voraussetzung, um ein Pferd anzubinden.

Ein sicherer Knoten

Um ein Pferd aus jeder Situation schnell befreien zu können, wird es mit einem **Sicherheitsknoten** angebunden. Dieser lässt sich mit einem Ruck lösen.

Das Pferd darf nicht zu lang angebunden werden. Denn es könnte sich ansonsten mit dem Kopf unter dem Strick hindurchbeugen oder mit einem Vorderbein darin hängen bleiben. Ein zu kurz angebundenes Pferd hingegen ist in seiner Bewegung und in seiner Sicht zu stark begrenzt.

In manchen Ställen besteht die Möglichkeit, Pferde **beidseitig** anzubinden. Im Pflegebereich – zum Beispiel auf der Stallgasse – sind zu diesem Zweck Stricke oder Ketten gegenüberliegend an der Wand angebracht. Das Pferd wird mittig hingestellt und die Stricke werden seitlich am Halfter befestigt.

SCHRITT FÜR SCHRITT
EIN ANBINDEKNOTEN

Ein schnell zu öffnender Anbindeknoten wird geübt, damit er bei Bedarf leicht von der Hand geht. Bei dieser Variante des Sicherheitsknotens werden Schlaufen ineinandergelegt. Die erste Schlaufe wird um den Anbindering gelegt. Dann werden weitere Schlaufen in gleicher Weise nachgelegt. Das Ende des Stricks hängt so aus der letzten Schlaufe heraus, dass es möglich ist, den Knoten mit einem Ruck wieder zu lösen.

Ein angebundenes Pferd

Bevor ein Pferd angebunden wird, hat es gelernt, ruhig und gelassen zu stehen. Für ein Fluchttier bleibt das immer eine enorme **Einschränkung seiner Freiheit** und immer wieder geraten Pferde dabei in **Panik**.

Bei dem Versuch, sich loszureißen, kann sich ein Pferd schwerwiegende Verletzungen zuziehen, denn ein stabiles Halfter reißt nicht. Pferde dürfen auf keinen Fall an einem Knotenhalfter, einer Trense und schon gar nicht mit einer Führkette angebunden werden. Die Verletzungsgefahr ist viel zu groß.

Ein Zwischenstück aus einem schnell reißenden Material – die sogenannte Sollbruchstelle – hilft Schlimmeres am Putzplatz zu vermeiden. In ungewöhnlichen Situationen sollte ein Pferd losgebunden und festgehalten werden.

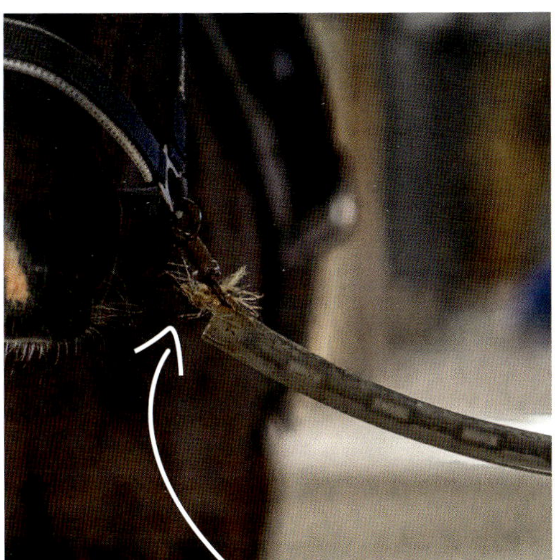

Dies ist eine Sollbruchstelle bei einer doppelseitigen Anbindevorrichtung. Das bedeutet, das Band reißt schnell durch, wenn fest daran gezogen wird.

SCHRITT FÜR SCHRITT
EIN HALFTER ANLEGEN

Das Halfter wird zuerst sortiert: Der Kehlriemen wird geöffnet, die Öffnung weist nach links.

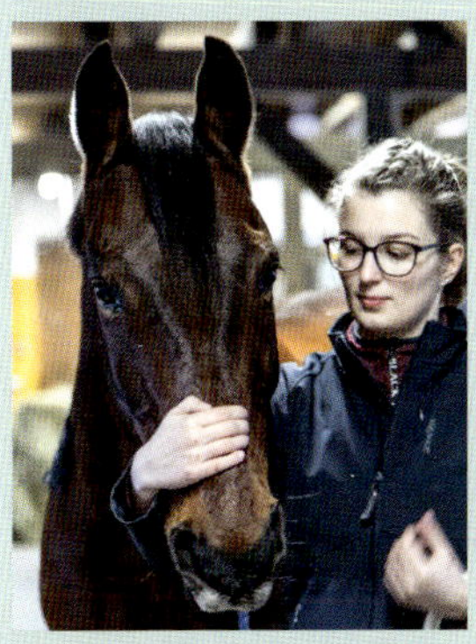

Die rechte Hand wird unter dem Kopf hindurchgeführt und dann auf den Nasenrücken gelegt.

Sobald der Nasenriemen anliegt, wird das Halfter nach oben bis hinter die Ohren geführt.

Der Verschluss des Karabinerhakens weist nach außen, um Verletzungen zu vermeiden.

Ereignisse unterwegs

Der Strick zum Führen wird im mittleren Ring, unterhalb des Nasenriemens am Halfter befestigt. Der Strick kann sowohl mit einer als auch mit beiden Händen gehalten werden – anfangs aus einer Position neben dem Pferd, **zwischen Kopf und Schulter**. Das Handling und **wechselnde Führpositionen** mit den Signalen an das Pferd werden geübt.

Es ist gut, ein Pferd sowohl von der linken, als auch von der rechten Seite führen zu können. Wichtig ist, immer den **Abstand zum Pferd** zu beachten und ihn beharrlich vom Pferd einzufordern, wenn es aufdringlich oder eilig wird. Wer ein Pferd führt, beobachtet die Umwelt sehr genau und handelt vorausschauend im Sinne des Pferdes.

Tore und Türen müssen weit geöffnet und breit genug sein, damit ein Pferd sicher hindurchgeführt werden kann. Es kann notwendig sein, in engen Durchgängen die Position so zu wechseln, dass man vor dem Pferd hergeht und es hinterhergeht.

Begegnungen mit anderen Pferden erfolgen mit **großem Abstand** zueinander und nur dann, wenn viel Platz zum Ausweichen vorhanden ist. Denn auch in Gesellschaft eines Menschen behaupten Pferde untereinander mehr oder weniger ihren Rang gegenüber **Artgenossen**, sie reagieren aufeinander. Unabhängig davon, ob sie sich kennen oder nicht. Direkter Kontakt oder die Nähe zu anderen Pferden, können heftige Reaktionen auslösen, deshalb gilt: »**Abstand halten!**«

Wer ein Pferd führt, hat das Ziel im Visier und beachtet das Geschehen rundherum, um vorausschauend handeln zu können.

Pferde reagieren aufeinander, wenn sie sich begegnen, deshalb muss ein Sicherheitsabstand eingehalten werden.

Auch im **Bereich der Stallgasse** geht die Sicherheit immer vor. Ein angebundenes Pferd kann für den Augenblick der Begegnung losgebunden werden. Um Platz zu schaffen, wird es dicht an die Wand gestellt. Bei einer Begegnung sollte jeder auf sein Pferd achten und zudem das andere Pferd im Blick behalten.

Damit erste Begegnungen auch im Umfeld des Stalls gelingen, ist es ratsam, in Begleitung eines **Lehrpferdes** damit anzufangen. Pferde lernen voneinander und in aufregenden Momenten wirkt die Gelassenheit eines erfahrenen Pferdes auf ein nervöses beruhigend. Um **Erfahrung** sammeln zu können, sollte man sicherheitshalber immer in **Begleitung** unterwegs sein.

Geeignete Kleidung

Die richtige Wahl der Kleidung spielt eine große Rolle, wenn man sich mit Pferden befasst und näheren Kontakt zu ihnen hat.

Um standfest und sicher zu stehen, sollten **halbhohe Schuhe,** die über die Knöchel ragen, getragen werden. Außerdem ist eng anliegende, **sportliche Kleidung** angebracht. Auch auf die Frisur muss man achten, denn wie bei angelegtem Schmuck, besteht immer die Gefahr, zum Beispiel an einer Schnalle des Halfters mit langen offenen Haaren hängen zu bleiben.

Handschuhe gehören zur Ausstattung beim Führen hinzu, damit die Hände geschützt sind. Reflexartig hält man oft den Strick fest, auch wenn ein Pferd heftig daran zerrt.

In Begleitung eines erfahrenen Pferdekenners und mit einem ruhigen Lehrpferd an der Seite machen Ausflüge Spaß.

Wendungen werden zu der Seite ausgeführt, auf der das Pferd läuft, damit die eigenen Füße nicht in Gefahr sind.

Putzen und pflegen

Zum natürlichen Verhalten eines Pferdes gehört die »soziale Fellpflege«, ähnlich partnerschaftlich kann ein Mensch dem Pferd beim Putzen begegnen.

Zweimal im Jahr wechselt ein Pferd sein Fell – im Frühjahr und erneut im Herbst, wenn die Nächte länger werden und kalt. Manchmal kratzen Pferde sich in dieser Zeit vermehrt oder wälzen sich. Loses Fell verklebt mit Dreck und Staub, so dass die natürlichen Schutzfunktionen, wie das Aufstellen der Haare bei Kälte, nicht funktionieren. Das **Herausbürsten von grobem Schmutz** ist auch für naturnah gehaltene Pferde eine wohltuende Pflegemaßnahme.

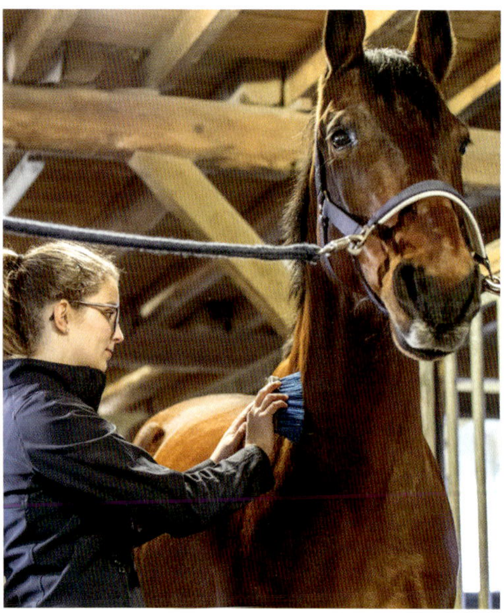

Mit der freien Hand wird das Pferd beim Putzen berührt. Damit kann es beruhigt oder zur Seite bewegt werden.

Weil Haut und Fell des Pferdes eine wichtige Körperfunktion haben, wird bei der Pflege darauf Rücksicht genommen. Zum Beispiel wenn es darum geht, wie intensiv ein im Offenstall lebendes Pferd mit Bürsten und Shampoo gereinigt werden sollte oder nicht. Wenn ein Pferd mit herkömmlichem Shampoo abgewaschen und gereinigt wird, hat das Folgen auf die Talgschicht, die den Schutzmantel ausmacht.

Die grobe Reinigung eines Pferdes erfolgt mit einer Wurzelbürste. Sie hat harte Borsten. Damit wird Schmutz entfernt und das **Fell glatt gebürstet**. Wegen ihrer harten Borsten wird die Wurzelbürste nicht am Kopf des Pferdes eingesetzt. Ist das Fell glatt und sauber, funktioniert auch der natürliche Schutz wieder besser.

Fellpflege vor der Arbeit

Die gründliche Pflege eines Pferdes spielt eine sehr große Rolle, wenn es darum geht, dass für die Arbeit Ausrüstung verwendet wird: Fellflächen, die mit Ausrüstung (z.B. Satteldecke oder Gamaschen) in Berührung kommen, müssen besonders **gründlich gereinigt** werden. Dabei wird Sand, Schmutz und loses Fell entfernt. Durch Reibung – zum Beispiel bei Leder auf der Haut – entstehen Druckstellen.

Diese Druckstellen entwickeln sich zu offenen Wunden. Das ist »**Satteldruck**«, der durch mangelhafte Pflege oder schlecht sitzende Ausrüstung verursacht wird. Satteldruck ist für ein Pferd sehr **schmerzhaft**. Die Haare wachsen in den betroffenen Bereichen weiß nach und bleiben ein Leben lang erkennbar. Druckstellen entstehen nicht nur durch einen Sattel, sondern auch durch Gamaschen oder andere Ausrüstungsgegenstände, die reiben.

PUTZEN MACHT SINN

- Beim Putzen eines Pferdes hat man die Gelegenheit, es näher kennenzulernen und ihm ohne große Ansprüche **freundlich zu begegnen**.
- Besonders an Körperstellen, an denen Ausrüstung aufliegt (Sattel, Trense, Gamaschen), wird **Schmutz entfernt**. Andernfalls können durch die Reibung schmerzhafte Druckstellen entstehen (Satteldruck).
- Um den **Gesundheitszustand** zu prüfen, wird das Pferd überall berührt, Verletzungen und Verspannungen können dabei entdeckt werden.
- Ein Pferd zeigt deutlich, wenn es sich beim Putzen wohlfühlt. Die kreisenden Bewegungen, behutsam eingesetzt, mit den richtigen Bürsten, sind wie eine **Massage-Einheit** für das Pferd.
- Der Mensch hat eine Gelegenheit, sich für die Aktivitäten mit dem Pferd etwas **aufzuwärmen**.

AUSRÜSTUNG
DAS PUTZZEUG

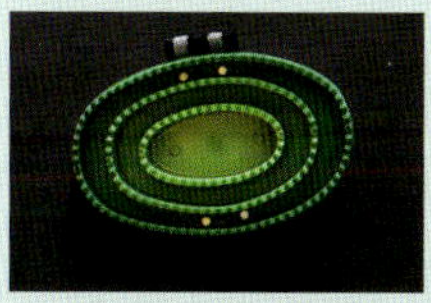

Plastikstriegel

In kreisenden Bewegungen wird damit das Fell angeraut und Staub entfernt.

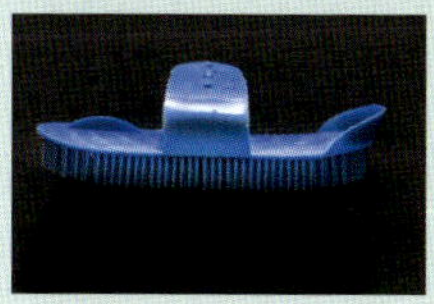

Nadelstriegel

Mit dem Striegel wird hin und her gebürstet. Haare und Staub werden aufgenommen.

Wurzelbürste

Mit der Wurzelbürste wird grober Schmutz entfernt.

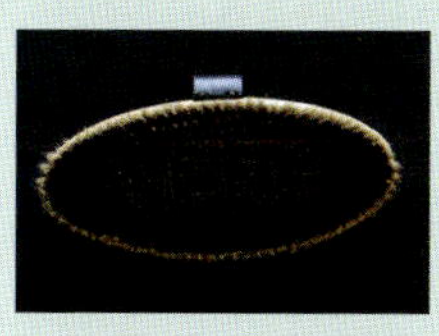

Kardätsche

Mit der Kardätsche wird Staub aufgenommen.

Hufkratzer

Schmutz und Fremdkörper werden gelockert und dann entfernt.

Huföl oder -fett

Zur Pflege der Hufe: Huföl oder Fett.

Drei Schwämme

Für die Reinigung von Kopf, Körper und Po.

Fellpflege nach der Arbeit

Nach körperlicher Anstrengung ist ein Pferd oft nass geschwitzt. Bevor der Schweiß antrocknet und mit dem Fell verklebt, werden diese Körperstellen mit Wasser gereinigt. Dafür sollten für jeden Bereich verschiedenfarbige Schwämme bereitgehalten werden. Vor allem der Rand um die Augen, die Maulspalten und die Nüstern werden feucht gereinigt. Auch am After und unterhalb der Schweifrübe wird der Schmutz mit Wasser entfernt.

Besonders schweißnasse Fellbereiche am Körper werden gründlich gereinigt, damit sie anschließend leicht durchgebürstet werden können.

Anstelle von Schwämmen können alternativ Waschlappen verwendet werden. Sie haben den Vorteil, dass sie gewaschen werden können.

Sauberkeit und Hygiene im Zusammenhang mit der Pferdepflege sind wichtige Voraussetzungen, um die Verbreitung von Krankheiten zu reduzieren.

Sauberkeit und Hygiene

Das Putzzeug wird regelmäßig gründlich gereinigt. Mit Schmierseife oder einem Desinfektionsmittel werden Kunststoffbürsten unproblematisch ausgewaschen.

Bürsten mit Holzrücken und Echthaar-Borsten sind empfindlicher, wenn sie zu lange im Wasser liegen, quillt das Holz auf und die Borsten fallen aus. Hin und wieder lohnt sich eine Neuanschaffung. Außerdem ist es wichtig, dass jedes Pferd eigenes Putzzeug hat, damit Krankheitserreger nicht über Bürsten und Striegel übertragen werden.

Nach dem Putzen

Der Putzplatz wird sauber gehalten. Herumfliegende Haare könnten von dort in die Boxen gelangen und von Pferden mit dem Futter vom Boden aufgenommen werden. So, wie man selber den Platz vorfinden möchte, sollte man ihn auch hinterlassen. Direkt nach dem Putzen wird er gefegt. Mit Rücksicht auf die anderen Pferde, sollte wenig Staub aufgewirbelt werden. Die zu fegende Fläche kann vorher mit Wasser angefeuchtet werden.

SAUBERKEIT & SICHERHEIT

Das Umfeld von Stall und Weide sollte stets sauber gehalten werden.

Gerätschaften werden immer außerhalb der Reichweite von Pferden sicher aufbewahrt.

Vom Groben zum Feinen

Zur Grundausstattung für die Pferdepflege gehören ein Gummi- oder Plastikstriegel, eine Wurzelbürste und eine Kardätsche.

Es geht los: Zuerst wird der grobe, dann der feine Schmutz entfernt. Passend dazu, verwendet man zuerst die härteren, dann die weicheren Bürsten. Man beginnt auf der linken Seite am Hals des Pferdes mit dem Striegel zu putzen.

In kreisenden Bewegungen wird zuerst der grobe Schmutz gelöst. Dann wird von vorne nach hinten, eine Bürste nach der anderen verwendet. Auf der linken Seite werden die Bürsten mit der linken Hand geführt, auf der rechten Seite mit der rechten.

Mit der jeweils freien Hand kann das Pferd berührt werden, sei es, um es zu beruhigen oder auf Abstand zu halten. In Höhe der Flanke wird die Bürste in die andere Hand übergeben. Auf diese Art und Weise bleibt man immer in sicherer Entfernung zum Pferd.

Die härteren Bürsten dürfen nicht am Kopf oder an den Beinen verwendet werden. Am Körper werden sie mit sanftem Druck eingesetzt. Wenn die Rückenmuskulatur verspannt ist, erkennt man das deutlich an der Reaktion des Pferdes beim Bürsten. Es wird beispielsweise ausweichen.

Weil die Bürsten viel Staub aufnehmen, werden für die nächsten Arbeitsschritte immer zwei von ihnen gleichzeitig verwendet. Mit einer Hand hält man einen Striegel und mit der anderen eine Bürste. Am Striegel wird ab und zu die Bürste abgestreift.

Ein Pferd wird immer in Fellrichtung – also mit dem Strich – gebürstet.

SCHRITT FÜR SCHRITT
PUTZEN UND PFLEGEN

Die härteren Striegel lösen den Schmutz nur an weichen Körperteilen.

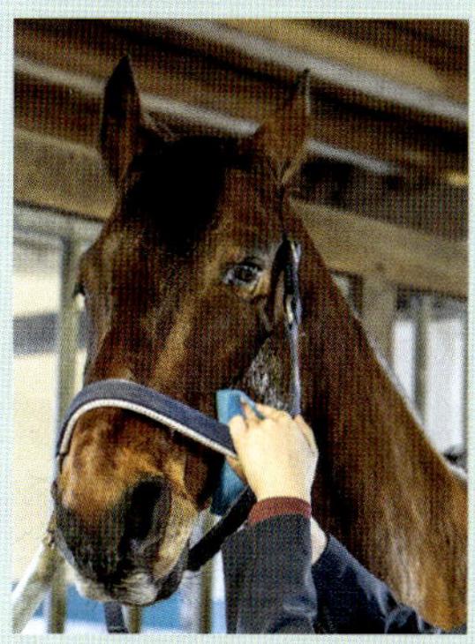

Um das Pferd am Kopf zu säubern, wird das Halfter geöffnet.

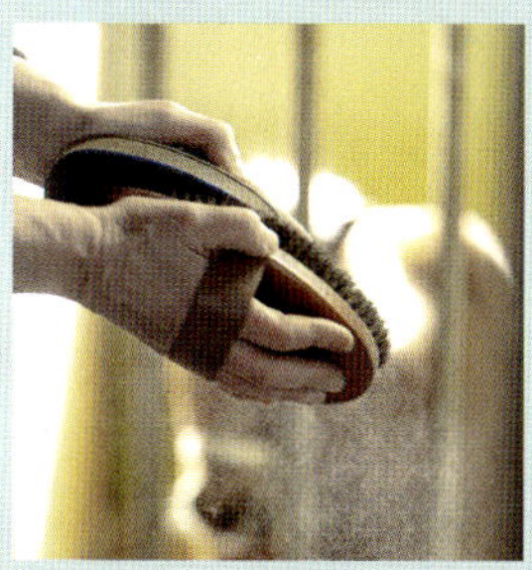

Beim Abstreifen der Kardätsche wird viel Staub aufgewirbelt.

Der Striegel wird ausgeklopft, damit der Staub herausfällt.

Erste Spielregeln

Schon bei der täglichen Pflegeeinheit wird der **Grundstein** für das harmonische Miteinander gelegt. Die Pflege ist eine gute Gelegenheit, ein Pferd in Ruhe kennenzulernen. Erste Verhaltensregeln, die wichtig für den Umgang sind, werden vermittelt. Und wieder findet von Anfang an Kommunikation statt. Bei der Berührung eines Pferdes ist spürbar, an welchen Stellen es das gerne hat und an welchen nicht. Dabei muss unterschieden werden, ob es schmerzhafte Reaktionen sind oder ob es nur unangenehm ist.

Die Hand wird am Rumpf angelegt, mit dem Ziel, dass das Pferd herumtritt. Das Pferd spürt die Berührung und weicht zur Seite aus.

Ruhig Stehen

Mit der Anweisung »Steh« wird häufig das ruhige Stehenbleiben in verschiedenen Zusammenhängen von einem Pferd verlangt. Beharrlich und ganz in Ruhe wird das Pferd bei Missachtung immer wieder zur Ausgangsposition zurückgebracht. Eine Übungseinheit, bei der nur das ruhige Stehen geübt wird, kann sich auch für andere Situationen lohnen.

Wenden und Weichen

Auch diese Aufgabe hin und wieder zu üben, erleichtert den Umgang. Bei der **Übung »Weichen«** soll ein Pferd dem Druck, der mit einer Hand auf eine Körperstelle ausgeübt wird, weichen.

ÜBUNG	Weichen und rum
POSITION	Schräg seitlich auf Höhe der Flanke.
EINWIRKUNG	Eine Berührung, Druck mit einer oder beiden Händen, später Weisen in die Richtung. ⇨Die Hinterhand weicht.
ANWEISUNG	**»Geh – rum«**
ZIEL	Auf Druck weichen, die Hinterhand bewegen.
AUSBAUSTUFE	Das Pferd macht Platz von sich aus.

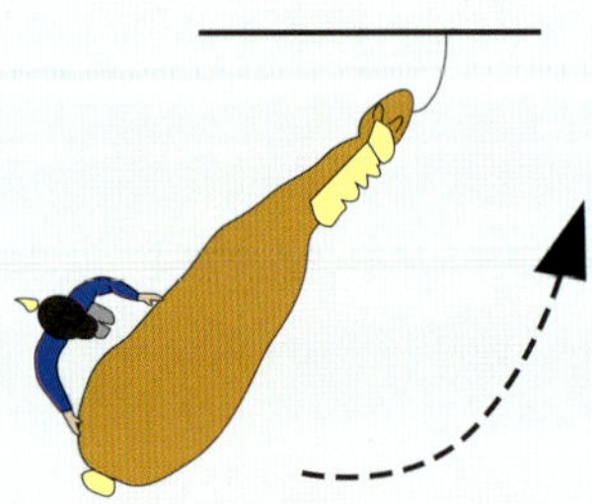

Anfangs weicht es auf eine direkte Berührung, und im weiteren Verlauf können die Hilfen so weit verfeinert werden, dass ein Anzeigen der Richtung durch den Arm oder die Hand genügt, um eine Reaktion zu bewirken.

Um einem Pferd dieses Verhalten zu vermitteln, wird es zuerst nur leicht berührt. Verstärkt werden kann die Berührung mit einer Anweisung, wie zum Beispiel »Geh – rum«. Die Einwirkung, der Druck mit der Hand, erfolgt wieder nach dem bekannten »Lautstärkereglerprinzip«. Anfänglich sehr fein, leicht einwirkend und bei Missachtung wird der Druck erhöht. Für gute Mitarbeit wird das Pferd gelobt.

ÜBUNG	Schulter weichen
POSITION	Neben dem Pferd auf Höhe der Schulter.
EINWIRKUNG	Berührung, Druck mit einer oder beiden Händen. ⇨ Die Vorhand (Schulter) weicht.
ANWEISUNG	Von der Seite: **»Geh«**, von vorne: **»Zurück«**
ZIEL	Die Vorhand bewegen.

Ein lang ausgesprochenes »Brav« oder »Gut gemacht« bleibt dem Pferd positiv in Erinnerung. Im weiteren Verlauf genügt manchmal schon die **Anweisung** und ein sehr eifriges Pferd macht sogar von sich aus Platz beim Putzen. Ein Pferd gewöhnt sich an die Abläufe bei der Pflege und manche Pferde heben sogar von sich aus die Hufe.

SICHERHEIT
ANSPRACHE UND BERÜHRUNG

Eine Berührung und ein kurzes Ansprechen sorgen dafür, dass ein Pferd den Menschen auch im Nahbereich wahrnimmt.

Pflege der Hufe

Wenn man weiß, wie wichtig die Hufe für ein Pferd sind, dann wird klar, dass sie besonders **aufmerksam gepflegt** werden sollten. Die Hufe tragen das Pferd und es läuft darauf. Ihre Beschaffenheit hat Einfluss auf ihre Funktion als Blutpumpe. Man spricht bei Pferden von den 5 Herzen, damit ist gemeint, dass auch die 4 Hufe eine **Pumpfunktion** haben.

Auch wenn ein Huf von außen starr und hart aussieht, ist viel Bewegung darin. In dem Moment, in dem ein Pferd auf dem Boden auftritt, dehnt sich der Huf im hinteren Bereich aus und beim Anheben zieht er sich wieder zusammen, dabei zirkuliert Blut. Die **Feuchtigkeit im Huf – im richtigen Maß** – ist für seine Funktion und Elastizität sehr wichtig.

Auch in diesem Zusammenhang ist **Bewegung** für den Hufmechanismus notwendig.

Ein guter **Hufschmied** ist in der Lage, Fragen zur optimalen Pflege zu beantworten. Auch wenn es darum geht, zu überlegen, ob ein Pferd »barfuß«, mit Hufeisen oder mit Hufschuhen gehen kann oder sollte, ist er ein guter Ansprechpartner.

Zur täglichen Pflege gehört die Hufpflege. Damit ist das Ausräumen und **Entfernen von Schmutz** innen und außen gemeint.

Ein gute Position, um mit dem Ausräumen eines Vorderhufes zu beginnen, ist neben der Pferdeschulter, mit dem Rücken in Richtung Pferdekopf stehend. Damit das Pferd einem nicht versehentlich auf die Füße tritt, muss ein ausreichender Sicherheitsabstand eingehalten werden.

Um die hinteren Hufe zu säubern, steht man seitlich neben dem Pferd auf Höhe der Flanke, außerhalb der Gefahrenzone. Manches Pferd streckt dabei das angehobene Bein nach

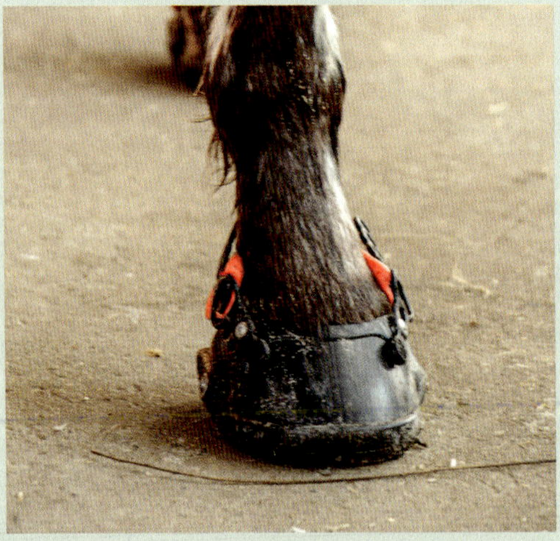

Für manche Pferde sind Hufschuhe eine Alternative zu Eisen, um die Abnutzung zu verringern. Es gibt sie in verschiedenen Größen, passend zum Pferd.

Mit dem Haken werden vorsichtig Schmutz und Fremdkörper gelöst, wobei nicht gekratzt werden darf.

hinten lang heraus. Damit muss man eventuell rechnen und ausweichen.

Für die Säuberung der Hufe wird ein Hufkratzer verwendet, der aus einem Metallhaken und einer Bürste besteht. Wichtig ist neben der regelmäßigen Säuberung, vor allem nach jedem Freigang oder Ausflug ins Gelände, die Hufe sorgfältig zu kontrollieren. Festgetretene Steine oder Holzstückchen werden entfernt.

Mit dem Haken wird der Schmutz gelöst und **Fremdkörper werden beseitigt**. Der Begriff Auskratzen ist eigentlich eher unpassend, denn Ausräumen beschreibt besser, worum es dabei geht.

Mit dem Metallhaken wird der Schmutz nur gelockert, ohne Kratzer zu verursachen. Der Huf wird in Richtung Spitze gesäubert. Die Richtung ist insofern von Bedeutung, da auch die **Strahlfurchen nicht vertieft werden dürfen.** Es wird immer weg vom eigenen Körper gekratzt und gebürstet, damit dabei kein Schmutz in die eigenen Augen gerät.

Mit der kleinen Bürste vom Hufkratzer oder mit einer Extra-Hufbürste wird der Huf außen gesäubert.

Wenn ein Pferd ab und zu auf einer **feuchten Weide steht**, stärkt das die Hufe sehr gut auf natürliche Art und Weise. Ansonsten ist es sinnvoll, sie hin und wieder mit Wasser nicht nur zu reinigen, sondern zu pflegen. Anschließend wird Huföl auf den noch feuchten Huf aufgetragen.

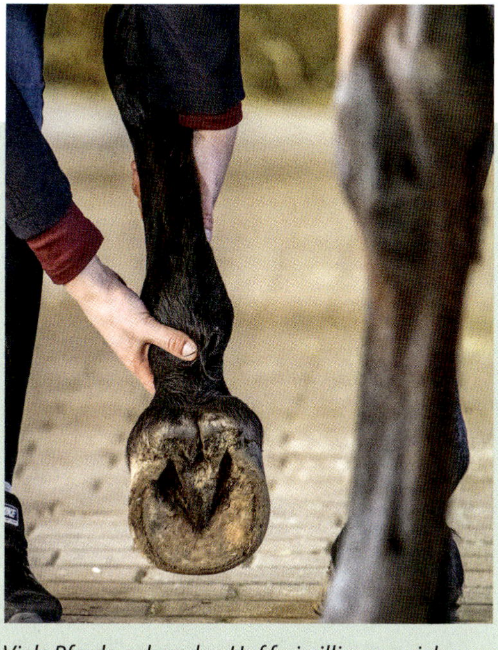

Viele Pferde geben den Huf freiwillig, von sich aus. Er wird langsam wieder auf den Boden abgestellt, wenn er innen sauber ist.

Wenn die Hufe abgewaschen wurden, ist es eine gute Pflegemaßnahme, anschließend Huföl aufzutragen.

Pflege des Langhaars

Das Langhaar, die **Mähne und der Schweif**, sind der natürliche Fliegenschutz für ein Pferd. Mähne und Schopf werden gebürstet und **rassetypisch** oder bei **Sportpferden frisiert**.

Der Schweif wird auf eine besondere Art und Weise behandelt, damit er nicht zu viele Haare beim Entknoten verliert. Entweder wird er **behutsam gebürstet** oder **verlesen**. Ein Pferdeschweif wird verlesen, indem zunächst der ganze Schweif mit einer Hand in einem Bund zusammengefasst wird. Mit der anderen Hand werden die Haare dann einzeln aus diesem Bündel herausgezogen. Er darf nicht zu lang sein, weil sonst das Pferd darauftreten kann. Die Haare, die links und rechts über die Schweifrübe ragen, dürfen nicht abgeschnitten werden, denn sie schützen vor Regen und Fliegen.

Waschen und Kühlen

Bei hohen Temperaturen genießt so manches Pferd – das daran gewöhnt ist – eine Abkühlung mit Wasser. Um sicher zu gehen, dass dabei nichts passiert, kann das Pferd anfangs festgehalten werden. Das Anbinden kann auch nur vorgetäuscht werden, indem der Strick durch die Anbindevorrichtung gezogen und gehalten wird. Wird das Pferd abgespritzt, dann sollte es sehen, was es zu erwarten hat, indem man an der Schulter mit einem weichen Wasserstrahl beginnt.

Bei großer Hitze, damit der Körper sich langsam **an die Temperatur gewöhnt**, wird mit Abstand zum Herzen an den Hinterbeinen, von unten nach oben begonnen.

Durch das Kühlen der Beine senkt sich die Körpertemperatur auf diese Weise langsam. Zwischen den Hinterbeinen wird der Schweiß entfernt und das verklebte Fell gereinigt.

Ein Schweif wird verlesen: Dabei werden die Haare einzeln aus dem Haarbündel heraussortiert.

Schopf und Mähne werden gebürstet. Wie der Schweif dienen sie als natürliche Abwehr gegen Fliegen.

Ein Pferd wird mit **Schwamm oder Waschlappen** gewaschen, denn nicht alle Bereiche sollten kalt abgespritzt werden.
Auf der Kruppe und am Brustkorb ist eine Reinigung mit lauwarmem Wasser und Schwamm besser geeignet. Gleiches gilt für den Bereich der Rückenmuskulatur.
Die Behandlung mit kaltem Wasser an **empfindlichen Körperstellen** kann sich negativ auf das Wohlbefinden auswirken. Nach der Pferdewäsche wird das restliche Wasser mit einem **Schweißmesser** vom Fell abgezogen und das Pferd **trockengeführt**. Vor allem nach dem Abspritzen muss ein Pferd in zugfreier Umgebung stehen, damit es sich nicht verkühlt. Der Schweif wird ab und zu gewaschen, damit Knoten gelöst werden und die Haare leicht zu trennen sind. Ein gepflegter Schweif ist eine gute »Fliegenklatsche«.

Während das Langhaar mit Shampoo gewaschen werden kann, sollte das Fell überwiegend nur mit Wasser gereinigt werden. Seife löst Fett, das schützend auf der Haut und dem Fell wirkt. Deshalb sollte bei einer Ganzkörperwäsche nur rückfettendes Shampoo verwendet werden.
Speziell zum Kühlen werden oft nur die Beine eines Pferdes abgespritzt. Um nach der Arbeit, bei großer Hitze oder im Krankheitsfall ein Pferdebein zu **kühlen**, ist Wasser die einfachste und oft wirksamste Methode. Dabei ist die Länge der Behandlung von Bedeutung. Damit die Einheit kühlend wirkt, wird für mindestens 10 Minuten ein weicher Wasserstrahl in Auf- und Abwärtsbewegung auf das Bein gehalten. Ein kürzerer Zeitraum fördert die Durchblutung und das Bein ist nach dem Abspritzen wärmer – also eher der umgekehrte Effekt.

Mit einem Schwamm und Wasser wird, vor allem im Sommer, schweißnasses Fell nach der Arbeit gründlich gereinigt, damit es nicht verklebt.

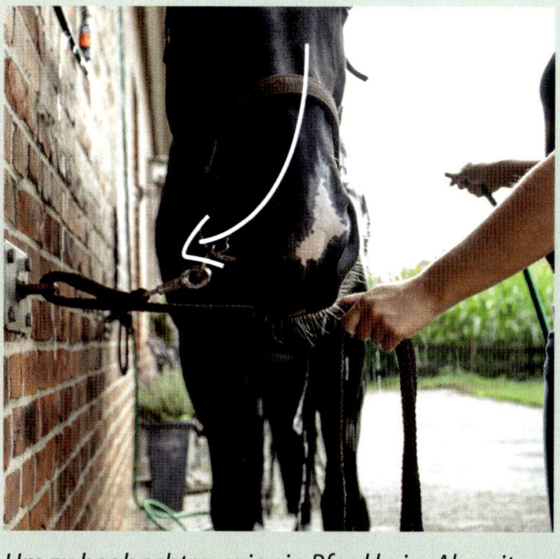

Um zu beobachten, wie ein Pferd beim Abspritzen reagiert, wird es anfangs festgehalten. Der Strick kann jederzeit losgelassen werden.

Beinschutz

Um das Verletzungsrisiko von Pferden während der Arbeit oder beim Transport zu verringern, werden die Beine gegen Stöße von außen geschützt. Ein Pferd, das Hufeisen trägt, kann sich mit seinen eigenen Beinen beim Toben, Verladen oder wenn es gegen einen harten Gegenstand tritt (die Anhängerklappe, eine Hindernisstange oder Ähnliches) verletzen. Bandagen und Gamaschen können das verhindern – wenn sie korrekt angelegt werden.

Bandagen

Bandagen für Pferde sind aus elastischem Material (Fleece oder Strick). Bandagieren muss unter fachkundiger Anleitung erlernt werden. Denn, wenn Bandagen zu stramm anliegen, ist das schädlich. Und wenn sie zu locker sitzen, können sie sich lösen und rutschen. Im Bereich der Sehnen üben Bandagen Druck aus.

Bei Stallbandagen oder Bandagen, die zum Transport angelegt werden, verwendet man zusätzlich Unterlagen. Diese verringern den Druck und dienen als Polster für die eigentliche Bandage. Oben und unten von der Bandage ragen sie ein wenig hervor.

Ein Pferd zu bandagieren ist nicht ungefährlich, denn man ist relativ nah am Pferdebein. Und auch das ruhigste Pferd kann sich erschrecken und zur Seite ausweichen. Deshalb kniet man beim Bandagieren – und auch sonst – niemals neben einem Pferd. Denn aus dieser Position kann man nicht schnell genug ausweichen.

Am rechten Bein wird die Bandage im Uhrzeigersinn um das Bein gewickelt und am linken Bein entgegen. Beim Anlegen einer Bandage dürfen sich keine **Falten im Stoff bilden**. Das kann den Druck punktuell erhöhen. Werden Bandagen hingegen zu locker angelegt, dann rutschen sie oder es bilden sich Stolperschlaufen.

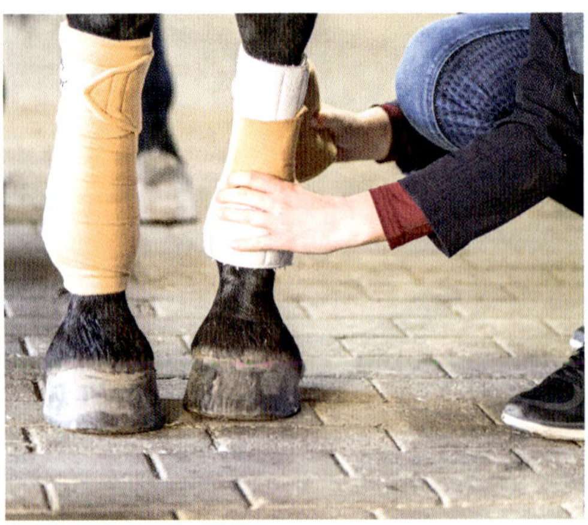

Das Anlegen von Bandagen erfordert Übung und Erfahrung. Unterlagen verringern den Druck auf die Sehnen bei Stallbandagen.

Auch Gamaschen müssen passend für das Pferd gewählt werden. Die Verschlüsse sitzen außen und werden von vorne nach hinten geschlossen.

Gamaschen

Es gibt Gamaschen in zahlreichen Ausführungen, und alle haben eine Gemeinsamkeit: Sie müssen passen und korrekt angelegt werden. Auch bei Gamaschen weist der Verschluss an der Außenseite des Beins nach hinten. Sie haben den Vorteil, dass sie sich nicht zusammenziehen, wenn sie feucht werden und können daher auch bei Regen und matschigen Bodenverhältnissen zum Schutz der Pferdebeine verwendet werden. Nach jedem Einsatz werden sie mit Wasser gereinigt.

Eine Decke für alle Fälle

Bei Pferden, die über einen längeren Zeitraum eingedeckt werden, verändert sich die natürliche Schutzfunktion der Haut und des Fells. Eingedeckte Pferde haben oft weniger dickes Winterfell. Manche Pferdebesitzer nutzen diesen Effekt und entscheiden sich, ihr Pferd dauerhaft (ganztags) mit einer **Regen- oder Paddockdecke** auszustatten. Zumindestens bis zum nächsten Fellwechsel im Frühjahr muss es bei dieser Entscheidung bleiben, andernfalls würde das Pferd frieren. Pferde sind **leichter sauber zu halten**, wenn sie eine Decke tragen, auch damit wird es häufig begründet. Ein anderer Grund, weshalb sich Pferdebesitzer für das Eindecken entscheiden, ist verpflichtend: Ein geschorenes Pferd muss mit einer **wärmenden Winterdecke** vor Kälte geschützt werden. Pferde, mit denen auch im Winter intensiv gearbeitet wird, werden häufig ganz oder teilweise geschoren (Sparschur). Ihr Fell wird vor allem in Bereichen, in denen sie stark schwitzen, mit einer Schermaschine gekürzt. Für manche Pferde wäre das Leben ohne eine Decke nur erschwert möglich. Gemeint sind Pferde, die allergisch reagieren. Sie können durch das Auflegen einer **Ekzemerdecke** geschützt werden. Diese liegt zusätzlich mit einem Halsteil und einem Bauchlatz am ganzen Körper an. Auch **Fliegendecken** haben eine schützende Funktion. Der dünne, netzartige Stoff, der Ungeziefer abhält, sorgt zum Beispiel für eine entspanntere Situation während des Transports. Jede Decke, die aufgelegt wird, muss grundsätzlich befestigt werden. Sei es mit einem dehnbaren Bauchgurt (ganz um den Rumpf) oder mit Kreuzgurten. Diese wurden so benannt, weil sie über Kreuz in passender Länge unter dem Bauch verschnallt werden. Die Spannung der Gurte ist zu beachten, denn ein Pferd sollte sich bequem hinlegen können. Wenn die Gurte zu lang sind kann es darin hängen bleiben.

Der Einsatz und die Haltung beeinflussen unter anderem die Entscheidung, ob ein Pferd eingedeckt wird oder nicht.

Ein Pferd laufen lassen

Schon auf dem Weg zum Auslauf verhalten sich Pferde manchmal anders als gewohnt, weil sie sich gerne frei bewegen oder austoben möchten.

Der Weg zum Auslauf

Eine Führaufgabe im Alltag ist der Weg zur Weide oder zum Auslauf. Oft verspüren Pferde dorthin viel **Bewegungsdrang**, der sich dadurch äußert, dass sie **unruhiger** sind, als beispielsweise auf dem Weg zum Putzplatz. Es kommt vor, dass ein ansonsten umgängliches Pferd plötzlich **unaufmerksam** und **respektlos** wird. Jetzt heißt es »Ruhe bewahren« und »tief durchatmen«. **Gelassen** und **konsequent** wird das gemeinsame Ziel (der Weg zum Auslauf) verfolgt.

Der Versuch, sich gegen die Kraft eines davoneilenden Pferdes zu lehnen, macht keinen Sinn, denn es hat immer mehr Kraft als der Mensch.

Das Pferd kann durch eine Aufgabe abgelenkt werden, indem es beispielsweise auf einen **Kreisbogen** geführt wird.

Doch grundsätzlich sollte ein derart reagierendes Pferd wieder Bezug zu dem führenden Menschen aufnehmen. Die Übung **»Steh«** ist geeignet, um die **Aufmerksamkeit** zurückzuerlangen.

Schritt für Schritt
Ein Pferd laufen lassen

Das Pferd wird in Richtung Eingang gewendet. Nachdem das Tor geschlossen wurde, dreht man sich wieder zum Pferd um.

Das Pferd hat gelernt, einen kurzen Moment stehen zu bleiben. Der Strick wird geöffnet und das Pferd dabei beobachtet, wie es sich abwendet.

Zusätzlich kann das Pferd durch die Übung **»Zurück«** einen Tritt rückwärts geschickt werden.

Das beste Mittel, um den Aufenthalt auf der Weide bzw. im Auslauf nicht zum Highlight des Tages werden zu lassen, ist, ihm immer ausreichend Gelegenheit zur **»unkontrollierten Bewegung«** zu bieten. Dann gehört nach kurzer Zeit der »Weg zum Auslauf« zum Standardprogramm und es bleibt dabei gelassen. Das können Pferde ohne Probleme erlernen. Häufig ist eine Ursache für Schwierigkeiten beim Führen im Außenbereich, dass das Bewegungsangebot nicht ausreicht. Ein Anfänger muss auf jeden Fall bei den ersten Führversuchen von einem Pferdekenner angeleitet werden.

EIN PFERD LAUFEN LASSEN

- Das Pferd wird **in Richtung des Eingangs gewendet**, dieser wird anschließend versperrt.
- Vor dem Öffnen des Stricks wird dafür gesorgt, dass **keine Verbindung zum Pferd** besteht (Ring, Haare, Kette, Schlaufe um die Hand etc.).
- Das Pferd sollte, bevor es auf die Weide entlassen wird, für einen Moment ruhig stehen (wenige Sekunden), das ist eine gute **Gewöhnungsübung**.
- Das Pferd wird **die ganze Zeit über beobachtet**, vor allem beim Loslassen.
- Das Pferd wird **nicht zum Weglaufen angeregt** (sonst prescht es davon).

Den Strick lösen

Wenn Mensch und Pferd sich von Angesicht zu Angesicht gegenüberstehen wird der Strick vom Halfter gelöst. Man führt das Pferd in den Auslauf und wendet es auf einem Kreisbogen, bis es wieder Richtung Eingang/Ausgang steht. Es soll lernen abzuwarten, daher lässt man es einen Moment stehen.

Der Eingang wird geschlossen und mit Blick zum Pferd wird der Haken am Strick geöffnet.

Das Halfter abnehmen

Die **Übung »Halfterabnehmen**« ist ab und zu eine Belohnung wert, denn ein Pferd sollte dabei ruhig stehen und Hals und Kopf herabsenken. Zum Abnehmen des Halfters muss zuerst der Kehlriemen geöffnet werden. Das Halfter wird am Genickstück gefasst und über die Pferdeohren gezogen.

Auch bei diesen Arbeitsschritten ist geduldiges Vorgehen sehr wichtig. Innerhalb der Box ist das Abnehmen relativ einfach, denn das Pferd kann ja nicht weglaufen. Ein Pferd hingegen, das auf die Weide oder den Paddock gebracht wird, kann aus Übermut davonpreschen, auch wenn das Halfter noch gar nicht ganz abgenommen wurde. Grundsätzlich wird ein Halfter für den Aufenthalt des Pferdes in seiner Box abgenommen. Andernfalls besteht ein hohes Risiko, dass es mit dem Halfter trotz größter Sorgfalt irgendwo hängen bleiben kann und sich dabei verletzt. Es gibt Ausnahmesituationen, wie zum Beipiel während eines Klinikaufenthaltes, wenn es unter Beobachtung steht. Im Auslauf bleibt das Halfter oft angelegt, denn dann ist es einfacher, ein Pferd wieder einzufangen.

KONTROLLIERT EINWIRKEN

Um ein Pferd auch in schwierigen Situationen, wie im Straßenverkehr, sicher führen zu können, wird es so ausgerüstet, dass man bei Bedarf deutlicher einwirken kann.

Wir gewöhnen Pferde nach und nach an Umwelteinflüsse wie Autos, Trecker oder andere Fahrzeuge, um sie auf gemeinsame Ausflüge gut vorzubereiten. Im öffentlichen Straßenverkehr gibt es viele Ereignisse, auf die ein Pferd schreckhaft reagieren kann. Um auch in Extremsituationen sicher einwirken zu können, wird empfohlen, das Pferd zum Führen mit einer Trense auszurüsten. Denn damit kann man vom Boden aus maximal einwirken.

Den wesentlichen Unterschied zum Halfter macht dabei das **Mundstück** aus. Die Einwirkung der Hand wird damit über die Zügel auf das Pferdemaul übertragen. Normalerweise hängen beim Führen eines Pferdes die Zügel durch, denn schon ein aufgenommener Zügel wird wahrgenommen. Hält man den Zügel fest, werden dadurch **die Hilfen verstärkt**. Durch eine Zügelhilfe wird ein Pferd aufmerksam gemacht.

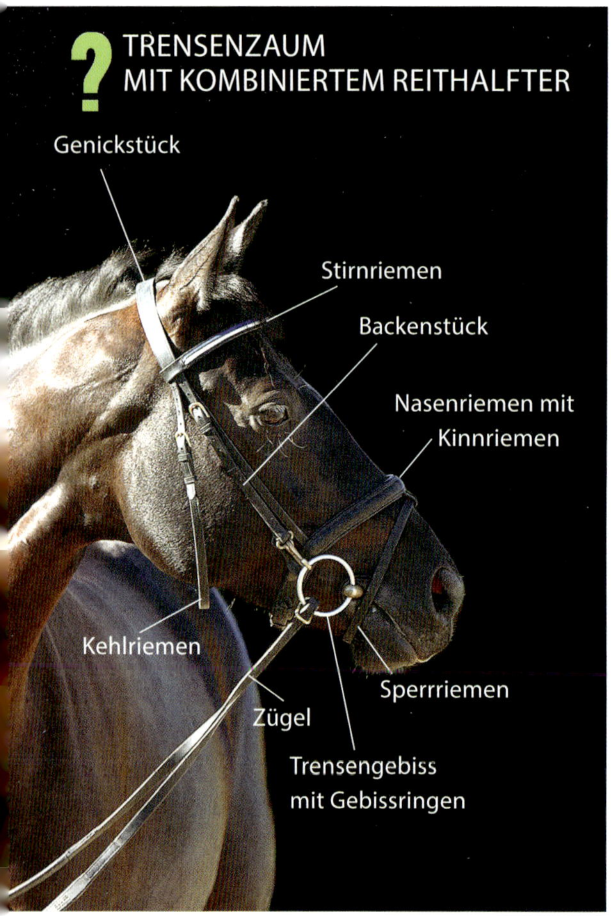

Zäumung mit einer Trense

Die **Trensenzäumung** besteht aus zwei Teilen. Dar eine Teil ist die Trense mit Mundstück (Gebiss) und Zügeln. Das andere Teil ist das **Reithalfter**. Es gibt zahlreiche Arten von Reithalftern, die auf verschiedene Bereiche des Kopfes unterschiedlich einwirken. Beispielsweise kann über den Nasenriemen Druck auf den empfindlichen Nasenrücken ausgeübt werden. Je nachdem, welches Reithalfter eingesetzt wird, sind damit fein zu dosierende Signale durch den direkten Kontakt zum Pferd möglich.

Eine sortierte Trense erleichtert das Auftrensen. Der Nasenriemen ist geöffnet und die Zügel sind vorbereitet, um über den Hals gelegt zu werden.

§

Mit Blick auf die **Straßenverkehrsordnung** wird empfohlen, Pferde mit einem Kopfstück, Mundstück und Zügeln auszustatten, wenn sie im öffentlichen Raum geführt werden.

Straßenverkehrsordnung: § 28 StVO

(1) Haus- und Stalltiere, die den Verkehr gefährden können, sind von der Straße fernzuhalten. Sie sind dort nur zugelassen, wenn sie **von geeigneten Personen begleitet sind, die ausreichend auf sie einwirken können.**

(2) Wer reitet, Pferde oder Vieh führt oder Vieh treibt, unterliegt sinngemäß den für den gesamten Fahrverkehr einheitlich bestehenden **Verkehrsregeln und Anordnungen**.

SCHRITT FÜR SCHRITT
EINE TRENSE ANLEGEN

Der Strick wird gelöst, anschließend werden dem Pferd die Zügel über den Hals gelegt.

Die rechte Hand wird unter der Nase hindurchgeführt und übernimmt die Trense.

Das Gebiss wird mit der linken Hand in das Pferdemaul gelegt.

Der Schopf und die Mähne werden nach vorne und zur Seite sortiert.

Ein Mundstück

Das Mundstück liegt auf der Zunge und den Laden auf. Das ist der zahnlose Bereich im hinteren Teil des Maules. Pferde sind dort sehr feinfühlig und dementsprechend nehmen sie den Druck, der durch die Zügelhilfen ankommt, deutlich wahr.

Auch ohne direkte Einwirkungen über die **Zügelhilfen** (Nachgeben, Durchhalten oder Annehmen) spürt ein Pferd das Mundstück als einen Fremdkörper in seinem Maul. Je nachdem, wie es beschaffen ist, wird es vom Pferd wahrgenommen.

Je dünner ein Mundstück ist, desto feiner können Hilfen über die Zügel mit ruhiger Hand übertragen werden. Bei unsachgemäßer Anwendung – man spricht dabei von harten Händen – wirkt besonders ein dünnes Mundstück scharf ein. Jede grobe Zügelhilfe, die über ein Mundstück direkt auf das Pferdemaul übertragen wird, ist schmerzhaft für ein Pferd. Aus diesem Grund wird so viel Wert darauf gelegt, dass nur eine leichte Verbindung zwischen Zügelhand und Mundstück besteht.

Der Markt an Mundstücken für Pferde ist groß. Oft wird anfangs bei der Ausbildung mit Trense eine »Wassertrense« verwendet. Dabei handelt es sich um ein in der Mitte einfach gebrochenes Gebiss.

Das verwendete Mundstück wird mit den Backenstücken so verschnallt, dass es weich im Maul anliegt. Man orientiert sich dabei an Falten, die seitlich am Pferdemaul erkennbar sind. Eine »Wassertrense« liegt korrekt an, wenn nur ein bis zwei dieser Falten durch das eingelegte Mundstück entstehen.

Ein Mundstück muss der Länge nach in das Pferdemaul passen. Es darf nicht zu weit seitlich aus dem Maul herausragen oder zu eng anliegen. Damit die dünne Haut in dem Bereich nicht verletzt wird, sollten – zum Beispiel bei der »Wassertrense« – ein bis zwei Finger zwischen Maul und Gebissring Platz finden. Es gibt sehr viel zu berücksichtigen, wenn es um die Wahl und das Vermessen eines Mundstücks geht. Um auch bei der Verschnallung alles richtig zu machen, ist fachkundiger Rat notwendig.

WELCHES KOPFSTÜCK KENNST DU AUS DEINEM STALL?

Kombiniertes Reithalfter

Schwedisches Reithalfter

Hannoversches Reithalfter

Mexikanisches Reithalfter

Anatomisch geformtes Reithalfter

Ein Trensengebiss ist nur ein unterstützender **Ausrüstungsgegenstand** und kommt bei Bedarf, wie beim kontrollierten Führen im Straßenverkehr, zum Einsatz.

Verschnallung eines Reithalfters

Reithalfter werden oft zu stramm verschnallt. Eine **»Zweifingerregel«** für den Nasenriemen gilt häufig als Richtschnur. Es muss auf jeden Fall so viel Platz zwischen Riemen und Nasenrücken vorhanden sein, dass das Maul beweglich bleibt, denn ein Pferd kaut an dem Mundstück. Die Riemen werden der Reihe nach verschlossen (Kehlriemen, Nasenriemen) und in umgekehrter Reihenfolge wieder geöffnet.

Pflege der Trense

Die Trense bleibt geschmeidig, wenn sie regelmäßig mit Sattelseife und Lederfett gepflegt wird. Hin und wieder wird sie dabei komplett auseinandergebaut und überprüft. Das Mundstück wird nach jedem Gebrauch gründlich mit Wasser gereinigt.

VERSCHNALLEN EINES REITHALFTERS

Zwischen Kehlriemen und Kehle sollte eine Handbreit oder Faust aufrecht stehend Platz haben.

Damit der Nasenriemen nicht am Jochbein scheuert, muss der Abstand ein bis zwei Finger breit sein.

Mindestens zwei aufrecht stehende Finger müssen zwischen Riemen und Nasenrücken Platz haben.

BESCHREIBE DIE EINZELTEILE DEINEM AUSBILDER.

Westerntrense

Bosal

Hackamore

Knotenhalfter

Wanderreittrense

MITEINANDER VOM BODEN AUS

Gemeinsam mit einem Pferd als Partner macht es Spaß, sich zu bewegen und vom Boden aus Neues zu erleben.

Bodenarbeit ist Teamarbeit. Der eine Teil des Teams ist ein Pferd, das gelernt hat, dem Menschen zu vertrauen und ihn zu verstehen. Der andere Teil ist ein Mensch, der ebenfalls eine Ahnung davon hat, wie es gelingen kann, dass ein Pferd auf die eigene Körpersprache reagiert.

Im Zusammenhang mit dem Pferdeführerschein Umgang werden Grundlagen der Führtechnik verlangt. Beurteilt wird, wie gut die Kommunikation zwischen Mensch und Pferd gelingt.

EIN FILM IM INTERNET

Einstieg in die Bodenarbeit,
Teil 1
Nicole Künzel

Übungsaufgaben beim Führen

- Veränderung der Trittlänge im Schritt
- ein Pferd über (eine) Stange(n) führen
- einen Slalom um mehrere Kegel führen
- vom Schritt zum Trab und umgekehrt
- eine Wendung (Kehrtvolte) führen
- anhalten und das Pferd rückwärts schicken

Vor dem Beginn jeder neuen gemeinsamen Aufgabe wird ein Pferd durch ein Achtungssignal darauf aufmerksam gemacht. Das kann eine Veränderung der Führposition, eine andere Handhabung der Gerte oder eine Stimmhilfe sein, wie zum Beispiel: »Und« – gefolgt von dem Wort »Los«. Auf diese Weise wird das Pferd nicht plötzlich überfallen und hat Zeit zu reagieren.

Aus dem Halten anführen

Ein erfahrenes Pferd ist ein guter Lehrmeister für einen Anfänger, wenn es um das Anführen aus dem Halten geht. Das Pferd geht mit, es geht fleißig und nicht hinterher. Es ist falsch, ein Pferd hinter sich herzuziehen.

Hilfen zum Anführen eines Pferdes

- Ankündigung und Anweisung, Stimme
- Körperspannung, Nach-vorne-Neigen
- leichter Druck durch Weisen in Bewegungsrichtung mit dem Strick

Zu Beginn der gemeinsamen Ausbildung, wenn das Team Mensch und Pferd noch nicht aufeinander eingespielt ist, wird dem Pferd durch eine Stimmhilfe angekündigt, dass es losgehen soll.

Im weiteren Verlauf, durch die **Verbesserung der Kommunikation** und mehr Verständnis genügt oft bereits eine veränderte Körperhaltung, ein Vorneigen des Oberkörpers oder sogar nur ein tiefes Einatmen, woraufhin ein Pferd reagiert.

Die **Aufmerksamkeit des Pferdes** bleibt durch ein abwechslungsreiches Programm erhalten. Nur Schritt oder nur Trab miteinander zu gehen, wäre auf die Dauer langweilig, deshalb kommen kleine **Tempounterschiede** hinzu.

Durch das eigene Voranschreiten wird ein Pferd aufgefordert, fleißiger zu gehen. Wenn ein Pferd nicht auf die Hilfen reagiert, regt eine Stimmhilfe es dazu an. Und genauso wird es mit der Stimme belohnt, wenn es reagiert hat.

Eine geänderte Führposition, mehr in Richtung Hinterhand, treibt ein Pferd voran. Letztendlich kann das Anheben der Gerte oder des Führstricks noch deutlicher machen, dass eine Reaktion erwünscht ist.

HINWEISE FÜR EINE FEINE KOMMUNIKATION

- Die Stimmhilfen sind ruhig, das Pferd reagiert auf die Anweisungen.
- Der Strick oder die Zügel hängen überwiegend durch, ohne Druck.
- Pferd und Mensch respektieren ihre Bereiche und halten sie ein.
- Das Pferd reagiert aufmerksam auf die Signale des Menschen.
- Es entsteht der Eindruck, dass Mensch und Pferd gut aufeinander eingehen.

Kurven und Wendungen führen

Stangen und Kegel werden in einem Parcours verwendet, um eine optische Orientierungshilfe zu bieten. Und natürlich, um die Übungseinheit interessant und abwechslungsreich zu gestalten. Nachdem das Pferd geradeaus geführt wurde, sind die nächsten gemeinsamen Wege »gebogen«. Das Pferd wird durch Kurven und Wendungen geführt. Kurven, also die Wege um Kegel, oder kreisförmige Strecken, werden in der Reitersprache **»gebogene Linien«** genannt. Solche gebogenen Linien werden nicht über Einwirkungen mit der Hand durch Zug an einem Strick oder an den Zügeln erreicht, sondern in erster Linie über die Körpersprache.

Der Mensch gibt mit seiner Position zum Pferd und vor allem auch mit seiner Körperdrehung die Bewegungsrichtung vor. Um das zu erreichen, wird der Weg dorthin angeschaut.

Mit Blick in die Richtung wird das Pferd geführt. Möchte man zum Beispiel nach rechts abbiegen, wendet man sich mit Kopf und Schulter in die Richtung, um dem Pferd das gemeinsame Ziel verständlich zu machen.
Zur Unterstützung der Signale kann die freie Hand begrenzend in das Sichtfeld des Pferdes angehoben werden. Bleibt das Pferd in seiner Spur und reagiert nicht, wird die Einwirkung zum Beispiel durch leichten Druck mit der Hand auf die Schulter verstärkt. Da das Pferd gelernt hat, wie ein Mensch auf seine Vorhand mit der Hand einwirkt, wird es sich nach der Berührung in die gewünschte Richtung bewegen.
Alle Übungen, die von der linken Seite aus gelingen, können nach und nach von der rechten Seite ausgeführt werden. Das schafft Routine, ein Pferd sicher von beiden Seiten aus führen zu können.

Ein Pferd rückwärtsschicken

Sich mit einem Pferd vom Boden aus vorwärts und rückwärts zu bewegen, erfolgt auf feinste Hilfen – so sollte es sein. Das Pferd versteht immer mehr, auf die Körpersprache des Menschen zu reagieren. **Rückwärtsrichten** ist in dem Zusammenhang kein Weichen, sondern die Reaktion auf eine Berührung an der Brust. Oder es reicht aus, vor dem Pferd stehend den Oberkörper leicht vorzuneigen, um zu signalisieren, dass es zurücktreten soll.

Ein Pferd anhalten

Kommen wir zum **Halten an einer bestimmten Stelle**. Wie jede Aufgabe, wird auch diese dem Pferd angekündigt, zum Beispiel durch das Wort »Und«. Anschließend wird mit »Halt« das Pferd dazu aufgefordert, stehen zu bleiben. Man sollte immer dasselbe Wort für eine Aufgabe verwenden. Angehalten wird aus dem Schritt und Trab.
Um diese Anweisung zu verdeutlichen, wird der Operkörper aus der Führposition etwas zurückgenommen, die eigene Körperspannung wird leicht verringert. Die äußere Schulter kann unterstützend in Richtung zum Pferd weisen. Zu guter Letzt könnte der Zügel Verbindung aufnehmen. Übung macht den Meister, und ein Lob motiviert das Pferd.

Die Bodenarbeit

Die Bodenarbeit ist ein weites Feld und wenn man gelernt hat, mit einem Pferd umzugehen, dann bietet sie viele Möglichkeiten, ein Pferd zu bewegen.
Die **Ausrüstung** tritt dabei mehr und mehr in den Hintergrund und sogar **Freiheitsdressur** – beispielsweise in einem Roundpen – ist ein gemeinsamer Ausbildungsweg. Dabei lassen sich dann Pferd und Mensch so intensiv aufeinander ein, dass die Hilfen von außen betrachtet kaum noch erkennbar sind. Das Pferd wird sogar mit minimalen Zeichen aus der Führposition fortgeschickt und herangeholt.
Es gibt **fest installierte Trailparcours** im Gelände, in denen Pferde freiwillig zum Beispiel über Holzbrücken oder in Bäche gehen. **Agility** ist auch eine relativ junge Art, sich mit Pferden zu befassen. Ein Pferd mit einer Trense führen zu können, ist also erst der Anfang. Es macht Spaß sich nach und nach – mit wachsender Erfahrung – neuen Herausforderungen im breiten Spektrum der Bodenarbeit zu stellen.

FÜHRPOSITIONEN UND IHRE WIRKUNG

GRUNDPOSITION FÜR DEN ANFANG

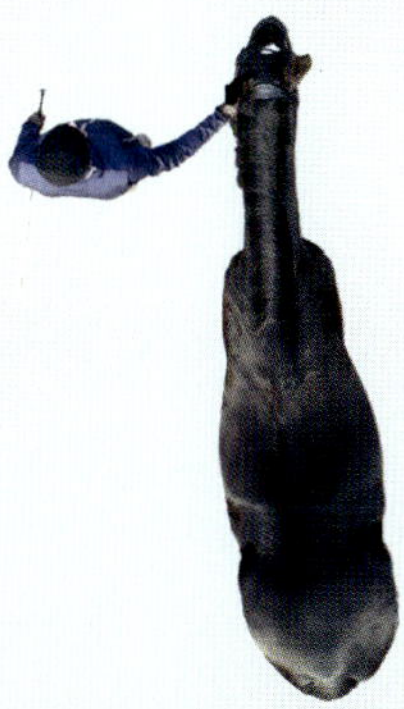

Zum Anführen und als Grundposition für ein von links geführtes Pferd.
Die **Schultern** des **Menschen** sind **parallel** zu denen des **Pferdes** und der Kopf zeigt bei beiden nach vorne in Blickrichtung.
Die **Gerte** zeigt **nach hinten**, die Spitze weist nach unten.
Gelingt das einfache Führen von der linken Seite, kann diese Position auf der rechten Seite ebenfalls geübt werden.
Oft ist das für Mensch und Pferd eine ungewohnte Situation.

TREIBENDE POSITION (UNTERSTÜTZUNG DURCH GERTE)

Weiter hinten, neben dem Pferd, wirkt die **Position treibend**.
Um mit einer **Gerte als Hilfsmittel** zusätzlich ein Signal geben zu können, bedarf es ein wenig Übung (geübt wird ohne ein Pferd).
Der Arm wird so zurückgenommen, dass der Oberkörper sich dabei nicht mit nach hinten dreht. Das ist anfangs schwierig.

Ein Anwendungsbeispiel: Das Pferd reagiert (noch) nicht, z.B. wenn es antraben soll, auf die Körper- und Stimmhilfen.
In dem Fall wirkt das **Anzeigen der Gerte** innerhalb des Sichtfeldes oder eine Berührung an der Hinterhand unterstützend und treibend.

NACH VORNE BEGRENZEN DURCH DIE SCHULTER

Je deutlicher sich ein Mensch aus der Führposition dem Pferd **mit der äußeren Schulter zuwendet**, desto mehr wird dessen Weg versperrt. Entweder wird es dadurch langsamer oder es hält sogar an.

Ein Anwendungsbeispiel: Ein Pferd drängelt zum Auslauf und versucht zu überholen. Hat ein Pferd gelernt, auf Zuwendung der äußeren Schulter zu reagieren, dann kehrt es zurück in seine Position.

Ein Pferd vorführen

Eine Praxis-Aufgabe beim »Pferdeführerschein Umgang« ist das Führen des Pferdes auf einem festgelegten Weg in den Gangarten Schritt und Trab.

Beim »Vormustern/Führen eines Pferdes an der Hand« werden Führaufgaben in einer bestimmten Reihenfolge von der FN verlangt. Dazu wird eine Dreiecksbahn aufgebaut oder das Pferd geradeaus geführt.

FÜHREN AUF GERADER LINIE

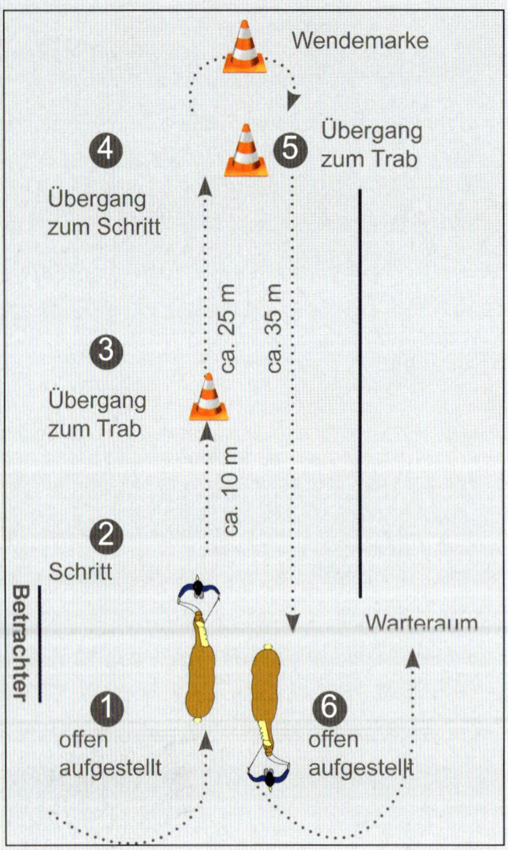

Aufstellen vor den Prüfern

... »Das Pferd wird auf gerader Linie bis zur Markierung (ca. 3 bis 4 m von den Richtern/Prüfern entfernt) geführt und dort zum Halten gebracht (ruhig, auf 4 Hufen voll belastend, nicht ruhend). Der Vorführende befindet sich beim Führen und Halten zwischen Pferdekopf und - schulter auf der linken Seite des Pferdes. Sobald das Pferd korrekt steht, tritt der Vorführende mit Blickrichtung zum Pferd vor das Pferd und übernimmt dort mit der linken Hand den rechten Zügel. Der linke Zügel und das gefaltete Zügelende liegen in der rechten Hand.
Ziel ist eine »offene« Aufstellung, bei der das dem Betrachter zugewandte Vorderbein nach vorne und das gleichseitige Hinterbein etwas nach hinten heraus steht, so dass jedes Bein zu betrachten ist. Korrigiert wird das Halten durch einen Schritt nach vorne. Der Vorführende steht mindestens ca. ½ m vor dem Pferdekopf, die Zügel hängen leicht durch.«

ZUSATZINFOS IM INTERNET

www.pferd-aktuell.de
Vormustern/Führen eines Pferdes an der Hand

AUSRÜSTUNG FÜR DAS FÜHREN AUF GERADER LINIE

MENSCH

- Festes Schuhwerk
- Handschuhe
- Gerte (erlaubt)

PFERD

- Zäumung auf Trense mit einfach oder doppelt gebrochenem Gebiss.

Im Rahmen eines Lehrgangs oder einer Prüfung informiert der Lehrgangsleiter über die Ausrüstung.

Führen in Bewegung

...»Nach Aufforderung durch die Richter/Prüfer wechselt der Vorführende wieder in die Führposition auf die linke Seite des Pferdes und führt das Pferd an (Vorführender und Pferd treten möglichst gleichzeitig an). Bei Bedarf kann der Vorführende zusätzlich neben der Körperhaltung eine Stimmhilfe, oder falls notwendig, das leichte Touchieren mit einer mitgeführten Gerte einsetzen.
Die Gerte befindet sich in der linken Hand, und der linke Arm wird beim Einsatz der Gerte so nach hinten geführt, dass der Oberkörper in Bewegungsrichtung nach vorne bleibt (Schulter parallel zur Pferdeschulter). Das Pferd wird im Bereich der Gurtlage oder des Oberschenkels leicht berührt, um es voran zu treiben.«

Anm.: Die Darstellung und Beschreibung erfolgte in Anlehnung an das Merkblatt der FN: Vormustern/Führen eines Pferdes an der Hand.

WORAUF WIR ACHTEN!

Die Zügel werden mit zwei Fingern geteilt aufgenommen und der Rest wird in zwei Schlaufen unter den Daumen gelegt.

Das Pferd wird »offen« aufgestellt. Das bedeutet, von der Seite kann ein Betrachter alle vier Beine gut sehen.

Die angehobene Hand mit der Gerte begrenzt das Pferd in diesem Fall nach links, weil nach rechts abgebogen wird.

UNTERWEGS IM NÄHEREN UMFELD

Das Führen im näheren Umfeld auf Wegen und Straßen ist mit Sicherheit eine der anspruchsvollsten Aufgaben im Umgang mit Pferden.

Die **Verantwortung**, die man übernimmt, gilt sowohl für das eigene Pferd als auch für **andere Verkehrsteilnehmer.** Diese wissen sehr oft nicht, wie Pferde reagieren und sind unsicher. Sie fahren entweder zu schnell an ein Pferd heran oder bremsen plötzlich – das passiert sehr häufig. Der hohe Anspruch, ein Pferd **ohne sichere Begrenzung** zu führen, liegt darin begründet, dass man nicht nur auf sein Pferd, sondern zusätzlich auf die anderen Verkehrsteilnehmer achten muss.

Denn vor allem anderen gilt dabei:
- die Sicherheit anderer Verkehrsteilnehmer,
- die eigene Sicherheit und
- die Sicherheit des Pferdes zu gewährleisten.

Um den Fahrer eines eilig entgegenkommenden Fahrzeugs zu warnen, bzw. darum zu bitten, langsamer zu fahren, wird mit einer **winkenden Handbewegung** ein freundliches Signal gegeben. In alltäglichen Situationen auf den Wegen rund um das Stallgebäude lernt man, wie Pferde sich verhalten, wenn Ungewöhnliches von ihnen als **»Schreck-Gespenst«** wahrgenommen wird. Im näheren Umfeld und **in Begleitung eines Lehrpferdes** ist das Risiko überschaubarer als im öffentlichen Verkehr. Also werden zunächst **Alltagssituationen nachgestellt** und als Aufgaben mit dem Pferd in das Training einbezogen. Schritt für Schritt lernt man auf diese Weise, damit sicherer umzugehen.

Alltagssituationen im Umgang

Fahrzeugen begegnen
(Trecker, Radlader, Autos, Fahrräder etc.)
An Gegenständen vorbeigehen
(Mülltone, Regenschirm)

Weil bekannt ist, dass Pferde in Schreckmomenten **scheuen** und dabei **zur Seite springen** könnten, muss man damit immer rechnen. Ein scheuendes Pferd springt meistens weg von der Gefahr, um sich zu retten. Das ist ein guter Grund dafür, in solch einem Fall die **Führposition zu wechseln** und selber auf der sicheren Seite zu gehen, ohne das Risiko, eventuell von dem Pferd verletzt zu werden. Das ist **vorausschauendes** Handeln. Nicht abwarten, bis das Pferd ein vermeintliches »Schreck-Gespenst« entdeckt, sondern handeln und einer Reaktion zuvorkommen. Zum Beispiel durch beruhigende Worte und **Führen auf der Gefahrenseite**. Man geht sozusagen in der Rolle des »Führpferdes« mutig voran auf die Gefahr zu, und das Pferd gewinnt Vertrauen.
Die **Ruhe zu bewahren** ist besonders in brenzligen Situationen wichtig. Wenn das Pferd verstanden hat, dass es dem Menschen folgen kann, dann wird es mehr und mehr darauf achten, wie der Mensch reagiert. Die eigene Gelassenheit kann sich dann auf ein Pferd übertragen.
Pferde sind von Natur aus neugierig und lernbereit. Dieses Verhalten machen wir uns zunutze, wenn wir ein Pferd an neue Reize gewöhnen (desensibilisieren). Nehmen wir an, ein Pferd soll lernen, dass es ruhig und gelassen an einem Spaziergänger mit Regenschirm vorbeigeht

IM STRASSENVERKEHR

- Für pferdeführende Personen gilt im öffentlichen Verkehr die StVO.
- Gesetze und Regeln von Bund und Ländern für den nicht öffentlichen Verkehr muss man für seine Region kennen.
- Der Versicherungsschutz für das Pferd (Haftpflicht) muss gewährleistet sein.
- Der Mensch muss in der Lage sein, das Pferd kontrolliert zu führen.
- Die Kleidung sowie die Ausrüstung des Pferdes müssen passend für den Einsatz gewählt werden.
- Anderen Verkehrsteilnehmern begegnet man stets freundlich, grüßt sie und nimmt Rücksicht.

ÜBERLEGTES HANDELN IN GEFÄHRLICHEN SITUATIONEN

Unfälle können durch überlegtes Handeln vermieden werden.

- Fahrer entgegenkommender Fahrzeuge können darum gebeten werden, langsamer zu fahren oder sogar anzuhalten.
- Anstelle der geplanten Route, einen sicheren »Umweg« wählen.
- Eine ruhige Zeit für die Wegstrecke, außerhalb von hohem Verkehrsaufkommen, wählen.
- Als Begleitung jemanden mit Lehrpferd oder mit Erfahrung mitnehmen.

SCHRITT FÜR SCHRITT
NEUES KENNENLERNEN

Um neue Eindrücke zu erkennen, wendet ein Pferd den Kopf in die Richtung.

Mit aufgerichtetem Hals und gespitzten Ohren reagiert ein Pferd auf Neues.

Mit ihrer Nase untersuchen Pferde Gegenstände, um sie zu erkunden.

Aus einem anderen Blickwinkel erscheint vieles völlig anders.

Desensibilisieren

Am Beispiel des Regenschirmes lässt sich das sehr gut veranschaulichen. Zuerst steht eine Person am Wegesrand und hält den Schirm. Das kann ungewöhnlich für ein Pferd sein. Dann wird die **Übung verändert**, indem der Schirm aufgespannt wird, was beim Pferd durchaus für Aufregung sorgen kann. Weil alle **Übungen von beiden Seiten** nach und nach durchgeführt werden, findet ein Seitenwechsel, also eine geänderte Führposition, statt. Zu guter Letzt kann der Schirm noch umgedreht werden, und so wird aus einer einfachen Begegnung eine **abwechslungsreiche Übungseinheit**, in der ein Pferd mit Geduld auf das Zusammentreffen mit einem »Schirmträger« vorbereitet wird.

Ein Spaziergang im Umfeld

Im täglichen Umfeld geschehen oft zufällig spannende Dinge, die sich einfach so ergeben, und häufig geht man ihnen aus dem Weg, um keinen Stress mit dem Pferd zu bekommen. Doch gerade im gewohnten Umfeld, mit Menschen, die man kennt, ist es einfacher, sich **neuen Herausforderungen zu stellen** und **Erfahrung zu sammeln**. Dann wird man fit für den ersten gemeinsamen Spaziergang. Am schönsten ist es, im ruhigen Gelände mit seinem Pferd spazieren zu gehen. Begibt man sich mit ihm auf öffentliche Straßen, dann gelten die Verkehrsregeln, die auch für Fahrzeuge vorgeschrieben sind. Jeder Pferdebesitzer muss unter anderem eine Haftpflichtversicherung dafür abschließen. Ein geführtes Pferd gilt im öffentlichen Verkehr als »Fahrzeug« und wird in Regeln und Gesetzen demnach behandelt.

Verkehrsregeln und Gesetze

Der Aufenthalt auf **nicht öffentlichen Straßen**, auf Privatwegen, in der Natur, im Wald oder in der freien Landschaft ist in den **Bundesländern** durch Erlasse und Gesetze eigens geregelt.

Die Länder gehen **unterschiedlich** mit dem Thema um. Die Bestimmungen von Land zu Land ändern sich häufig und passen sich aktuellen Entwicklungen an. Deshalb sollte man sich aus eigenem Interesse auf dem aktuellen Stand halten und sich über die geltenden Regelungen für das Bundesland, in dem man sich befindet oder in dem man an einer Prüfung zum Pferdeführerschein Umgang teilnimmt, informieren. Anders verhält es sich bei der Teilnahme am **Straßenverkehr auf öffentlichen Straßen** und Wegen. Diese ist einheitlich durch die **Straßenverkehrsordnung** geregelt (§ 28 Abs. 2 StVO). So ist festgelegt, dass Pferde im Ortsinneren auf der Straße geführt werden und nicht auf Bürgersteigen. Fahrradwege, Wanderwege und Lehrpfade sind demnach tabu für Menschen, die Pferde führen.

Der Versicherungsschutz

Bei aller Vorsicht kann es dennoch immer wieder zu Unfällen kommen. Bei der Größe der Schäden ist der Versicherungsschutz durch eine Haftpflicht- und eine Unfallversicherung sehr wichtig. Eine Beratung bei einem Versicherungsexperten ist sinnvoll. Pferde oder besser gesagt deren Besitzer, müssen über eine **Haftpflichtversicherung** verfügen. Damit können Schäden, die gegenüber Dritten entstehen, reguliert werden. Denn die Schäden, die verursacht werden könnten, sind enorm.

UNTERWEGS
IM STRASSENVERKEHR

Mit dem Verhalten anderer Verkehrsteilnehmer muss man rechnen, denn ihre Sicherheit muss gewährleistet sein.

An die Begegnung mit Fahrzeugen und Fahrrädern werden Pferde im Training mit einem sicheren Lehrpferd gewöhnt.

Ein Handzeichen signalisiert dem Fahrer, dass es besser ist, etwas lansgamer zu fahren, dann kann er sich darauf einstellen.

ORDNUNG IM STRASSENVERKEHR

Ein Pferd, das im Straßenverkehr geführt wird, gilt als ein »Fahrzeug«. Die Teilnahme am öffentlichen Verkehr wird bundesweit durch die StVO geregelt. Für den nicht öffentlichen Verkehr gelten landesweit unterschiedliche Vorschriften, über die man sich im jeweiligen Bundesland informieren muss.

Auszüge aus der Straßenverkehrsordnung (StVO)

Pferde gelten im Straßenverkehr als **Fahrzeuge**. Sie dürfen am öffentlichen Verkehr teilnehmen, wenn sie von geeigneten Personen geführt werden, die ausreichend auf sie einwirken können.

§28

(1) Haus- und Stalltiere, die den Verkehr gefährden können, sind von der Straße fernzuhalten. Sie sind dort nur zugelassen, wenn sie **von geeigneten Personen begleitet sind, die ausreichend auf sie einwirken können.** Es ist verboten, Tiere von Kraftfahrzeugen aus zu führen.

(2) Wer reitet, **Pferde** oder Vieh **führt** oder Vieh treibt, unterliegt sinngemäß den für den gesamten Fahrverkehr einheitlich bestehenden Verkehrsregeln und Anordnungen.

Bei schlechter Sicht (Dämmerung, Dunkelheit, Nebel) müssen Tiere mit Beleuchtung ausgestattet werden:

- beim Treiben von Vieh vorn eine nicht blendende Leuchte mit weißem Licht und am Ende eine Leuchte mit rotem Licht,
- beim Führen auch nur eines Großtieres oder von Vieh eine nicht blendende Leuchte mit weißem Licht, die auf der linken Seite nach vorn und hinten gut sichtbar mitzuführen ist.

Verkehrsschilder, deren Bedeutung man kennen muss

Fußgänger-/Fahrradweg
Reiten und das Führen von Pferden ist ***nicht erlaubt*.**

Verbot für Fahrzeuge aller Art
Krafträder und Fahrräder dürfen geschoben, Pferde ***dürfen geführt*** *werden.*

Verbot für Reiter
Für Reiter verboten. Das Führen von Pferden ist jedoch ***erlaubt*.**

Reitweg
Reiter müssen diesen Weg benutzen. Gleiches gilt für ***geführte Pferde*.**

ZUSATZINFOS IM INTERNET

www.pferd-aktuell.de
Fundstellen der Vorschriften für das Reiten und Fahren in Wald und Feld.

Gesetze zum Wohl der Tiere

Wichtige Auszüge aus dem Tierschutzgesetz (TierSchG) sollte man kennen, um sie aufmerksam zu beachten und Verstöße zu melden.

§1

Dieses Gesetz dient dem Schutz des Lebens und Wohlbefindens des Tieres. Niemand darf einem Tier ohne vernünftigen Grund **Schmerzen, Leiden oder Schäden** zufügen.

§2

(1) Wer ein Tier hält, betreut oder zu betreuen hat, 1. muss dem Tier angemessene **artgemäße Nahrung und Pflege sowie eine verhaltensgerechte Unterbringung** gewähren, 2. darf das artgemäße Bewegungsbedürfnis eines Tieres nicht dauernd so einschränken, dass dem Tier vermeidbare Schmerzen, Leiden oder Schäden zugefügt werden.

(2) Die zuständige Behörde ist befugt, im Einzelfall Maßnahmen anzuordnen, die zur Erfüllung der in Absatz 1 genannten Anforderungen erforderlich sind.

(3) Tiere, die nach dem Gutachten des beamteten Tierarztes in **Haltung, Pflege oder Unterbringung** erheblich **vernachlässigt** sind, können von der zuständigen Behörde dem Halter fortgenommen und so lange auf dessen Kosten anderweitig pfleglich untergebracht werden, bis eine ordnungsgemäße Haltung, Pflege und Unterbringung der Tiere durch den Halter gewährleistet ist.

§3

Es ist verboten,

1. einem Tier außer in Notfällen **Leistungen abzuverlangen,** denen es wegen seines Zustandes offensichtlich nicht gewachsen ist oder die offensichtlich seine Kräfte übersteigen.

...

§3

9. einem Tier durch Anwendung von **Zwang Futter** einzuverleiben, sofern dies nicht aus gesundheitlichen Gründen erforderlich ist,

10. einem Tier Futter darzureichen, das dem Tier offensichtlich erhebliche Schmerzen, Leiden oder Schäden bereitet.

§4

(1) Ein **Wirbeltier darf nur unter Betäubung** oder, soweit nach den gegebenen Umständen zumutbar, nur unter Vermeidung von Schmerzen **getötet werden.** Ein Wirbeltier töten darf nur, wer die dazu notwendigen Kenntnisse und Fähigkeiten hat. Hinweis: Im Bezug auf Pferde ist dies der Tierarzt oder der Pferdemetzgermeister.

§17

Mit **Freiheitsstrafe** bis zu zwei Jahren oder mit **Geldstrafe** wird bestraft, wer 1. ein Wirbeltier ohne vernünftigen Grund **tötet** oder 2. einem Wirbeltier a) aus Rohheit erhebliche Schmerzen oder Leiden oder b) länger anhaltende oder sich wiederholende **erhebliche Schmerzen oder Leiden** zufügt.

§20 (1)

Wird jemand wegen einer nach § 17 rechtswidrigen Tat verurteilt,so kann ihm das Gericht das **Halten von Tieren** jeder oder einer bestimmten Art für die Dauer von einem Jahr bis zu fünf Jahren oder für immer **verbieten**, wenn die Gefahr besteht, dass er weiterhin eine nach § 17 rechtswidrige Tat begehen wird.

Arbeitsblatt

Um Dein Wissen zu testen, kreuze die richtigen Antworten an. Nutze den Lösungsbogen der hinteren Umschlagklappe um zu schauen, ob Du recht hast oder nicht.

ACHTUNG

Es gibt richtige und falsche Antworten!

Kontrolliert einwirken
Das natürliche Verhalten
Auf in den Anhänger
Krankheiten erkennen
Putzen und Pflegen

AUS WELCHEN EINZELTEILEN BESTEHT DER TRENSENZAUM?

Welche Reihenfolge ist zu beachten, wenn das Pferd beim Verladen gesichert wird?

- ◯ Beim Aufladen: Zuerst die Stange einhängen, dann das Pferd vorne anbinden.
- ◯ Die Stange wird immer gleichzeitig mit dem Strick geöffnet.
- ◯ Beim Abladen: Zuerst den Strick vorne lösen, dann hinten die Stange öffnen.

Nenne zwei mögliche Varianten, Pferde regelmäßig zu enwurmen?

____

____

Welche Stimmung eines Pferdes, kannn dieser Blick verraten?

Aufregung, Panik, bereit zur Flucht.

Welche zwei Verkehrsschilder mit rotem Kreis kennst Du, bei denen gilt, dass ein Pferd lt. StVO geführt werden darf?

____

____

Warum wird ein Pferd angesprochen, wenn man sich ihm nähert?

- ◯ Das Pferd kann auf diese Weise auf den Menschen aufmerksam werden.
- ◯ Ein Pferd hört gerne, was ein Mensch an Neuigkeiten zu erzählen hat.
- ◯ Um zu verhindern, dass es sich erschreckt, denn Pferde können stehend ausruhen.

Warum wird ein Pferd geputzt?

- ◯ Damit es schön aussieht und glänzendes Fell hat.
- ◯ Fell muss glatt gebürstet sein, damit es eine schützende Funktion erfüllen kann.
- ◯ Wenn ein Pferd mit Sattel und Trense ausgerüstet wird, muss es sauber sein.

Beschreibe in Stichworten die Pflege der Hufe eines Pferdes.

____

____

____

____

____

Antwort

Die Hufe werden regelmäßig ausgeräumt und Fremdkörper entfernt. Der Schmutz wird herausgebürstet. Ein Hufschmied korrigiert sie bei Bedarf in Abständen von 6 bis 8 Wochen. Zur Pflege gehört, dass sie ab und zu mit Öl oder Fett behandelt werden.

Welche Anzeichen lassen vermuten, dass ein Pferd eine Kolik hat?

____

____

____

____

____

Antwort

Wenn ein Pferd sich wälzt, unruhig ist und nach seinem Bauch schlägt oder danach schaut, deutet das auf eine Kolik hin. Manche Pferde schwitzen stark. Sehr oft liegen Futterreste im Trog. Der Tierarzt wird sofort gerufen. Das Pferd wird geführt, bis er da ist.

SCHREIBE DEN NAMEN DES REITHALFTERS IN DAS TEXTFELD

Pferde werden alt

Ein Alter von 25 Jahren und mehr ist heutzutage keine Seltenheit für ein Pferd und Ponys werden noch älter. Solch ein erfahrenes Pferd kann ein guter Lehrmeister für den Anfang im Umgang mit Pferden sein.

Wie die meisten Pferde, genießt auch ein älteres Pferd Pflegeeinheiten und den Kontakt zum Menschen, mit Rücksicht auf die eine oder andere altersbedingte Einschränkung. Ein angepasstes **Bewegungsangebot** ist auch für Senioren wichtig. Vorausgesetzt der Gesundheitszustand und die Fitness erlauben es. Danach richtet sich, ob ein Spaziergang oder etwas Arbeit vom Boden zur Abwechslung möglich sind. Für den Aufenthalt auf der Weide oder im Paddock bietet sich die Gruppenhaltung unter Gleichaltrigen an.

Auf das veränderte Verhalten eines älteren Pferdes, das durch die unterschiedliche Wahrnehmung bedingt sein kann, muss man achten. Es kommt durchaus vor, dass ein älteres Pferd nicht mehr gut sehen oder hören kann und dadurch bei Rangeleien in der Gruppe zu kurz kommt oder die Gefahr besteht, dass es sich verletzt.

Wer sich ein Pferd anschafft, übernimmt die Verantwortung bis an dessen Lebensende. Wenn dann der Tag kommt, an dem ein Weiterleben nicht mehr zu vertreten ist, weil es Schmerzen hat oder sich quält, dann ist eine Entscheidung fällig. Das ist kein leichter Weg – doch der Zeitpunkt darf nicht unnötig verzögert werden. Ersparen wir dem Pferd Angst und Schmerzen.

Ajax

Trotz seiner 29 Jahre wird dieser Wallach regelmäßig bewegt und umsorgt.

Rophino

Auch im Alter von 25 Jahren ist dieses erfahrene Dressurpferd ein guter Lehrer.

GLOSSAR
Begriffe kurz erklärt

Aalstrich	Eine dunkle Linie auf dem Fell, entlang der Mitte des Pferderückens.
Barhufer	Pferd ohne zusätzlichen Hufschutz, also keine Hufeisen oder -schuhe.
Blessur	Verwundung bzw. Verletzung.
Box	Pferdestall ohne direkten Auslauf für je ein Pferd. Den Gang im Stall nennt man »Stallgasse«.
chronisch	Eine sich oft langsam entwickelnde, dann dauerhaft werdende Krankheit.
Dominanz	Höherer Status/Position, worauf andere unterwürfig reagieren.
Exterieur	Äußeres Erscheinungsbild.
fass-beinig	Fehlstellung der Hinterbeine, die Sprunggelenke sind von hinten betrachtet nach außen gewölbt.
Gamaschen	Ein Beinschutz mit Klettverschluss oder Schnallen.
Ganaschen	Die Wangen des Pferdes.
Gebiss	Auch Trensengebiss genannt. Ein Mundstück aus Metall, mit dem man in Verbindung mit Zügeln auf das Maul (die Laden) des Pferdes einwirken kann.
Gestik	Die gesamte Körpersprache. Dazu zählen Bewegungen von Händen, Füßen und Kopf, aber auch die Körperhaltung, das heißt, wie wir, gehen, stehen oder sitzen.
Hilfen	Einwirkungen des Menschen auf ein Pferd.
Interieur	Charakterliche Eigenschaften.
Konstitution	Körperliche Verfassung.
konse-quent	folgerichtig, beharrlich, entschlossen, geradlinig, standhaft, logisch, unbeirrbar
kuhessig	Fehlstellung der Hinterbeine, dicht beieinander stehende Hinterbeine, die Sprunggelenke sind nach innen gedreht.
Laden	Zahnfreier Bereich im Pferdemaul zwischen Schneide- bzw. Hakenzähnen und Backenzähnen.
Mash	Ergänzungs-/Kraftfutter, es wird warm verfüttert, hat appetit- und verdauungsfördernde Eigenschaften. Oft wird es als Aufbaufutter nach Krankheit, Kolik oder bei älteren Pferden verfüttert.
Mimik	Gesichtsausdruck
Rang-ordnung	Soziale Hierarchie, durch die »Rechte« und »Pflichten« innerhalb einer Gruppe geregelt sind.
Scheren	Das Fell kurz abrasieren mit Hilfe einer Schermaschine.
Sollbruch-stelle	Eine geplante Schwachstelle, die größeren Schaden vermeiden soll.
Paddock	Umzäunter Auslauf für Pferd(e), mit besonderem Untergrund, z.B. Sand, in dem Pferde sich aufhalten können.
zeheneng, zehenweit	auch »bodeneng« oder »bodenweit« genannt. Damit wird eine Fehlstellung der Gliedmaßen bezeichnet. Von vorne betrachtet stehen die Beine im unteren Bereich dicht bzw. weit auseinander. Fehlstellungen können die Gelenke belasten.

LANDESKOMMISSIONEN FÜR PFERDELEISTUNGS-PRÜFUNGEN

ZUSATZINFOS IM INTERNET

www.pferd-aktuell.de
Branchenbuch
Landeskommissionen

BADEN-WÜRTTEMBERG

Telefon: 07154/8328-0

E-Mail: info@pferdesport-bw.de

Internet: www.pferdesport-bw.de

BAYERN

Telefon: 089/926967-250

E-Mail: office@brfv.de

Internet: www.brfv.de

BERLIN-BRANDENBURG

Telefon: 030/30092210

E-Mail: info@lpbb.de

Internet: www.lpbb.de

HAMBURG

Telefon: 040/8503006 oder 040/8503007

E-Mail: info@pferdesport-hamburg.de

Internet: www.pferdesport-hamburg.de

NIEDERSACHSEN

Telefon: 0511/325768

E-Mail: info@psvhan.de

Internet: www.psvhan.de

HESSEN

Telefon: 02771/8034-0

E-Mail: info@psv-hessen.de

Internet: www.psv-hessen.de

MECKLENBURG-VORPOMMERN

Telefon: 0381/3778735

E-Mail: pferdesportverband-mv@t-online.de

Internet: www.pferdesportverband-mv.de

RHEINLAND

Telefon: 02173/1011-100

E-Mail: info@PSVR.de

Internet: www.pferdesport-rheinland.de

RHEINLAND-PFALZ

Telefon: 0671/894030

E-Mail: info@pferdesportverband-rlp.de

Internet: www.pferdesportverband-rlp.de

SAARLAND

Telefon: 0681/3879-240 oder -241

E-Mail: psv-saar@lsvs.de

Internet: www.pferdesportverbandsaar.de

SACHSEN

Telefon: 035207/89610

E-Mail: Pferdesport@Sachsens-Pferde.de

Internet: www.pferdesport-sachsen.de

SACHSEN-ANHALT

Telefon: 034956/22965 oder 22966

E-Mail: LV-RFVSachsenAnhalt@online.de

Internet: www.pferde-sachsen-anhalt.de

SCHLESWIG-HOLSTEIN

Telefon: 04551/8892-0

E-Mail: info@pferdesportverband-sh.de

Internet: www.pferdesportverband-sh.de

THÜRINGEN

Telefon: 0361/3460742

E-Mail: info@trfv.de,

Internet: www.trfv.de

WESER-EMS

Telefon: 04441/91400

E-Mail: info@psvwe.de

Internet: www.psvwe.de

WESTFALEN

Telefon: 0251/32809-30

E-Mail: zentrale@pv-muenster.de

Internet: www.pferdesportwestfalen.de

QUELLENANGABEN

Seite 112/113

[1] Zöller, H. (2006), Das Pferd als Spiegel innerpsychischer Zustände, Diplomarbeit, Diplomstudiengang Psychologie Universität Bremen.

[2] Anonymus (2005), ISL, Lehrmodul Nonverbale Kommunikation, Institut für Städtebau und Landesplanung der Universität Karlsruhe (TH).

ABBILDUNGSNACHWEIS

Boehringer Ingelheim Vetmedica GmbH: S. 91, BUSSE: S. 140 (4), 141 (5), 155 (4)

Robert Gebhard: S. 34

Sabine Heüveldop: S. 49, 51 (1), 52 (1), 56 (4), 57 (1), 58 (3), 59 (4), 61 (1), 85 (1), 86 (1), 100, 147 (3), 156 (1)

Julia Kathmann: S. 25

Stefan Kleine Wolter: S. 89

Juliane Klingner-Kossmann: S. 42, 53 (2)

Sandra Mensmann: S. 20

Andrea Schneider: S. 4, 6 (2), 7 (2), 16, 17, 19 (2), 20 (2), 22, 23, 24 (2), 28, 30, 31, 33, 35, 36 (2), 38 (2), 44, 45, 46, 50 (2), 51 (2), 52 (1), 54, 55, 58 (4), 60 (1), 61 (1), 62, 67, 70, 73, 74 (2), 75 (2), 76, 78 (3), 80 (12), 83 (2), 90 (2), 92 (2), 99, 102, 104, 105, 108, 109 (4), 110 (2), 118 (3), 119 (3), 120 (3), 121 (5), 122 (2) , 123 (2), 124, 125 (7), 126 (2), 127 (4), 128, 129 (3), 130 (2), 131 (2), 132 (2), 133 (2), 134 (2), 135, 136 (2), 138, 139 (5), 141 (3), 142, 148, 150 (4) , 151 (3), 154 (2), 156 (1)

Horst Streitferdt / KOSMOS: S. 25

Ellen Vierhaus: S. 53, Rainer Weppelmann: S. 3, 60 (1)

Florida Museum of Natural History, Florida, Danielle Byerley: S. 10, Museum of Fine Arts, Boston: S. 13

Bilddienste: castenoid-stock.adobe.com: S.72, www.pixelio.de: S. 80, www.lernsite.de: S. 81

Pixabay: S. Hermann & F. Richter: S. 83, RitaE: S. 83, Annette Meyer: S. 81

Illustrationen: Friederike Rave: S. 8, 9, 32, 113, 114, 116, 117, Yvonne Oppert: S. 49

Sigrid Weppelmann: S. 23, 35, 47,48, 51, 89, 128, 129, 145 (3), 146, 152

Die Ehtischen Grundsätze der FN (14,15), FN-Logo 18 mit freundlicher Genehmigung der Deutschen Reiterlichen Vereinigung e.V. (FN).

LESE-TIPPS

MENTAL-TRAINING FÜR REITER
Antje Heimsoeth
Müller Rüschlikon
ISBN 978-3-275-01640-2

MIT SICHERHEIT RICHTIG VERSTANDEN
Nicole Künzel
evipo
ISBN 978-3-945417-16-4

PFERD UND MENSCH
Dr. Ursula Pollmann
Ulmer
ISBN 978-3-8186-0079-2

REITEN AUS DER KÖRPERMITTE
Sally Swift
Müller Rüschlikon
ISBN 978-3-275-01796-6